Osprey DUEL

オスプレイ "対決" シリーズ
7

日本海軍巡洋艦 vs 米海軍巡洋艦
ガダルカナル1942

[著]
マーク・スティル
[カラーイラスト]
ハワード・ジェラード
ポール・ライト
[訳]
宮永忠将

USN CRUISER vs IJN CRUISER
Guadalcanal 1942

Text by
Mark Stille

大日本絵画

◎著者紹介

マーク・スティル　Mark Stille
アメリカ海軍退役中佐。メリーランド大学にて学位取得の後、海軍戦争大学で修士号を取得。30年にわたり、海軍戦争大学における教官職や、統合参謀本部、艦隊勤務などを通じ、情報分野に精通している。退役後はワシントンD.C.にて上級分析官として活動している。本書オスプレイ・シリーズにも太平洋戦争関連の原稿を多数寄稿しているほか、ウォーゲームのデザインも手がけている。

ハワード・ジェラード　Howard Gerrard
ウォールシー美術学校を卒業後、フリーのデザイナー、イラストレーターとして20年以上のキャリアを持つ。航空美術協会会員。イギリス航空機会社賞や、ウィルキンソン剣型トロフィー受賞歴を持つ。オスプレイ・シリーズでも多数のイラストを手がけている。

ポール・ライト　Paul Wright
19世紀以降の装甲艦から今日の現用艦を中心に、ありとあらゆる艦船の絵画を手がけている。パトリック・オブライエン、ダドリー・ポープ、C.S.フォレスターなどをはじめ、多くの著書にイラストを提供し、世界中の展示会や個展で作品を目にできる。王立海洋絵画協会の会員でもある。イギリスのサリー州に居住し、本書では戦場のイラストを担当している。

謝辞　Acknowledgements
ボストン美術館（MFA）のケンドラ・スローター、ヴィッカース写真資料室のセイバイン・スケー、ワシントン海軍工廠米海軍歴史センター職員ドミトリー・マルコフの各氏に感謝したい。

献辞　Dedication
本書を2007年11月9日にアフガニスタンのアラヌス近郊で戦死した第173空挺旅団戦闘隊第503空挺歩兵連隊第2大隊のマシュー・C・フェラーラ中尉に捧げる。

編者注　Editor's note
英国度量衡からメートル法への換算には以下を参考にされたい。
1マイル＝1.6km
1ポンド＝0.45kg
1ヤード＝0.9m
1フィート＝0.3m
1インチ＝2.54cm

目次
contents

4	はじめに	Introduction
8	年表	Chronology
10	開発と発展の経緯	Design and Development
22	対決前夜	The Strategic Situation
26	技術的特徴	Technical Specification
44	乗組員	The Combatants
53	戦闘開始	Combat
69	統計と分析	Statistics and Analysis
75	戦いの余波	Aftermath
78	参考図書	Bibliography

INTRODUCTION

はじめに

　日本がアメリカに対して戦端を開いてから8ヶ月目にあたる1942（昭和17）年8月7日、太平洋戦争は新局面を迎えようとしていた。この日、米海軍海兵隊はソロモン諸島のガダルカナル島に上陸作戦を敢行、この戦争において初めてとなる反攻作戦を実施したのである。実情からすれば手探り同然だった上陸作戦は、やがて1942年8月から1943年2月までの長きにわたる、日本海軍 [訳註1] と米海軍との熾烈な消耗戦を伴ない、最終的には日本軍が同諸島からの撤退を強いられて決着した。ソロモン諸島を巡る一連の戦役の中で、都合7度の海戦が発生している。このうち、第2次ソロモン海戦と南太平洋海戦 [訳註2] は空母機動部隊も参加した海戦であり、残りの5つは水上打撃部隊中心の海戦となっている。

　戦争が始まるまでは、両軍とも大同小異ながら、西部太平洋のいずれかで発生するであろう戦艦同士の殴り合いで戦争の行方が決まるだろうと期待していた。しかし、航空機の急速な発達と、開戦に先立つ日本海軍の拡大が、そうした前提を大きく変化させていた。アメリカ太平洋艦隊の戦艦群は、真珠湾攻撃によって半身不随となり、日本の戦艦群は、来るべき決戦に備えて瀬戸内海に身を潜めていた。そのため、米軍の反攻がガダルカナル島で始まり、戦いの焦点が南太平洋海域に移った時には、巡洋艦隊が両軍の海軍戦力の中心となっていた。もちろん、ミッドウェー海戦後も海軍の主戦力が空母であることに疑いはなかったが、1942（昭和17）年時点では数も限られ、また脆弱な艦であることも影響して、もっと戦果が明確に現れる決戦時まで温存されることになった。また、余りにも高価な戦艦はガダルカナル周辺に限定された海域で使用するには危険が大き過ぎる。特に夜戦ともなればリスクはさらに増大する。以上のことが理由となって、ガダルカナル戦役では巡洋艦が水上打撃戦力の中核として注目されたのである。

　1942年8月時点で、両軍とも強力な巡洋艦隊を保有していた。重巡洋艦だけに注目すれば、日本海軍の方が保有隻数が多く、また、間違いなく個艦性能も優れていたので優勢にあっただろう。1926（大正15～昭和元）年以来、日本海軍は18隻の重巡洋艦を艦籍名簿に加えている。このうち1隻は1942年の戦いで沈み [訳註3]、大破したもう1隻は本土で修理中であり、復帰するのは翌年のことである。したがって、16隻の重巡洋艦が日本海軍のドクトリンに従って戦場に投入され、米海軍との戦いで決定的な役割を果たすべきことを期待されていた。これとは対照的ではあるが、日本海

訳註1：本書では、米（アメリカ）海軍との対比を目的としている点を重視して、大日本帝国海軍の表記を「日本海軍」で統一する。

訳註2：ガダルカナル戦役を含むソロモン諸島周辺の諸海戦も含め、日米で表記が異なる海戦名が多い。本書では日本側呼称を用いているが、諸海戦の日時および呼称は以下のように対応している。

1942年2月27～28日
　スラバヤ沖海戦（The Battle of Java Sea）
3月1日
　バタビア沖海戦（The Battle of Sunda Strait）
6月5～7日
　ミッドウェー海戦（The Battle of Midway）
8月8～9日
　第1次ソロモン海戦（The Battle of Savo Island）
8月24日
　第2次ソロモン海戦
　（The Battle of Eastern Solomons）
10月11日
　サボ島沖海戦（The Battle of Cape Esperance）
11月12～14日
　第3次ソロモン海戦
　（The Battle of Guadalcanal）
11月30日
　ルンガ沖夜戦（The Battle of Tassafaronga）

訳註3：攻略部隊の打撃戦力としてミッドウェー島への艦砲射撃に向かっていた最上型巡洋艦を主体とする第七戦隊は、空母4隻喪失後の作戦中止命令を受けて帰還する途上、敵潜水艦発見の誤報で混乱に陥り、操舵を誤った最上と三隈が衝突事故を起こしてしまう。最上は自力航行で安全海域に逃れられたが、三隈は敵艦上爆撃機の攻撃を受けて航行不能となり、放棄された。

日本海軍駆逐艦から2本の魚雷命中を受けた重巡ミネアポリス。1942年11月撮影。1発目は艦首付近に命中して、第1砲塔の前方をもぎ取り、2発目は第2機関室を浸水させた。戦前、アメリカは自軍巡洋艦の耐久性能について自信を持てないでいたが、写真のミネアポリスのように、条約型巡洋艦は時に驚くほどの強靱性を示すことがあった。(アメリカ海軍歴史センター)

訳註4：日露戦争以降、水雷戦隊の編制は常に変化をしているが、駆逐艦4隻をもって駆逐隊を編成、4個駆逐隊16隻をもって1個水雷戦隊として、これを軽巡洋艦が旗艦となって率いる形が、太平洋戦争を前にして定まった。しかし、ロンドン海軍軍縮条約で巡洋艦の保有数にも上限が設けられてしまったため、夜戦能力の拡充を重視した日本海軍では、1個水雷戦隊に最低重巡1隻からなる巡洋艦戦隊を加えた夜戦部隊が編成されるようになった。

訳註05：1942（昭和17）年1月から3月にかけて行なわれた蘭印（オランダ領インドネシア）攻略作戦における、最後の艦隊戦となる3月1日のバタビア沖海戦で、ノーザンプトン級巡洋艦ヒューストンは最後まで抵抗を続け、魚雷5本を受けて撃沈された。これによって蘭印における連合軍艦隊戦力は消滅した。ヒューストンの名は、クリーブランド級軽巡洋艦に受け継がれて、1944年から再び太平洋で戦っている。

軍の軽巡洋艦は水雷戦隊 [訳註4] との連携を前提に設計されていたために、重巡洋艦のように戦列の一翼を担って砲撃戦に参加できる能力を有していなかった。

　アメリカ軍もまた、太平洋戦争が始まる前は巡洋艦隊の整備に莫大な投資をしている。その結果、開戦前には18隻の重巡洋艦が洋上にあったが、太平洋と大西洋、2つの海を警戒しなければならないために、すべての重巡洋艦を太平洋方面に投入するわけにはいかなかった。さらに1942（昭和17）年時点では、1隻が日本軍との戦いで失われていたこともあり [訳註5]、重巡洋艦の数的劣勢を覚悟の上でガダルカナル戦役に臨まなければならなかった。しかし、軽巡洋艦の保有数は日本海軍を大きく上回っていたために、重巡洋艦の劣勢はある程度埋め合わせができた。開戦前には、9隻の大型軽巡洋艦がリストアップされ、そのほとんどが太平洋方面に投入されていたからだ。加えて、開戦直前に建造が始まったアトランタ級軽巡洋艦が、ガダルカナルを巡る戦いに間に合いそうな情勢となっていた。

　ガダルカナル戦役においては、水上打撃部隊同士の海戦は5回発生したが、そのうち2回が巡洋艦隊によって主導されたものであり、ともに戦役の初期段階で発生した海戦である。最初の衝突は、海兵隊によるガダルカナル島上陸の直後、8月9日に起こった第一次ソロモン海戦である。真珠湾攻撃を除けば、これは太平洋戦争中に、米海軍が最大の被害を受けた海戦であり、日本海軍の優位を証明した戦いである。しかし、これとは対照的に、2ヶ月後の10月11日から12日にかけて発生したサボ島沖海戦では、

混乱状態の夜戦の中で、アメリカの巡洋艦隊が日本に勝利している。しかし、巡洋艦同士の激突は戦役を通じてこの2つの海戦でしか発生していない。例えば1942年11月13日と15日の第3次ソロモン海戦は、戦役が最も激化していた時期にあたり、両軍とも戦艦まで投入している。さらに11月30日のルンガ沖夜戦では、日本の水雷戦隊が重巡洋艦を含むアメリカ艦隊に痛打を浴びせている。このような諸海戦のなかで、主力に巡洋艦を据えていたことを重視して、本書では第一次ソロモン海戦とサボ島沖海戦のふたつをモデルケースとして採り上げ、日米双方の巡洋艦の強さと弱点、そして運用思想の優劣などに検討を加える。

　ガダルカナル戦役は、両軍に高い代償を支払わせる結果となったが、それでも、水上打撃部隊同士の戦いが決着したと確信させるには充分ではなかった。アメリカ軍は大きな損失を被りはしたものの、最終的には夜戦でも優位に立てるだけの技術を身につけることができた。そして、戦前に設計されたアメリカ巡洋艦は、大戦を通じて様々な役割がこなせることを証明した。一方、日本海軍にとって、ガダルカナル戦役の結果は惨事と言うに尽きるだろう。日本の巡洋艦隊は、ガダルカナル戦役において重大な損害を被ってはいない。しかし、厳しい戦いに真っ向から取り組んで支払った犠牲に対して、得られたものはあまりにも少なかったのだ。ガダルカナル戦役が始まってから絶え間なく続いた出血は、1943年に入り、主戦場がソロモン諸島中部から北部に移っても止まる気配を見せなかった。何より、得意としていたはずの夜戦で、自慢の重巡洋艦が期待どおりの戦果を

1940年5月に撮影された重巡ウィチタ。船体はブルックリン級軽巡洋艦に類似している。明瞭に写った主砲の8インチ砲の他、砲室式と露天式の2種類の5インチ単装砲からなるユニークな配置の副砲が確認できる。（アメリカ海軍歴史センター）

就役直後の軽巡ブルックリン。1937年撮影。3連装6インチ砲の配置状況がよくわかるだろう。(アメリカ海軍歴史センター)

見せられなかったことは、関係者を大いに失望させ、結果として水雷戦隊が重荷を背負わされることになった。そして最後には、日本の駆逐艦隊は消耗し尽くしてしまうのである。同時に、太平洋戦争を通じて航空戦力の役割が比重を増すにつれ、1942年のソロモン諸島を最後に、巡洋艦は主役の座からすべり落ちてしまうのである。

近代化改修を終えた直後、1937年に撮影された重巡古鷹。3基の50口径三年式20cm連装砲の他に、九二式4連装魚雷発射管や偵察機用射出機が確認できる。(呉市海事歴史科学館　大和ミュージアム)

年表 ── CHRONOLOGY

1922年（大正11年）2月
主要海軍国がワシントン海軍軍縮条約を批准する。巡洋艦の個艦基準排水量は1万トン以下に制限され、主砲口径も8インチ（20.3cm）が上限とされた。しかし、保有隻数には制限が設けられなかったため、建艦競争は激化した。

1926年（大正15～昭和元年）3月
日本海軍、最初の重巡洋艦古鷹型の1番艦「古鷹」が就役する。

1927年（昭和2年）9月
日本海軍、青葉型巡洋艦の1番艦「青葉」が就役する。

1928年（昭和3年）11月
日本海軍、最初の条約型巡洋艦、妙高型の1番艦「那智」が就役する。

1929年（昭和4年）12月
米海軍、最初の条約型巡洋艦ペンサコラ級の1番艦「ソルト・レイク・シティ」が就役する。

1930年（昭和5年）2月
ロンドン海軍軍縮会議が開催される。日米巡洋艦の合計排水量が規定され、巡洋艦の種類も重巡洋艦（CA）と軽巡洋艦（CL）にはっきりと分けられた。

5月
米海軍、ノーサンプトン級1番艦「ノーサンプトン」が就役する。

1932年（昭和7年）3月
日本海軍、高雄型1番艦「愛宕」が就役する。日本が保有する条約型巡洋艦では最大の戦闘力を持つ。

11月
米海軍、ポートランド級1番艦「インディアナポリス」が就役する。

1934年（昭和9年）2月
米海軍、ニュー・オーリンズ級1番艦「ニュー・オーリンズ」が就役する。

1935年（昭和10年）7月
日本海軍、最上型1番艦「最上」が就役する。同型4隻は軽巡洋艦として建造され、戦争前に重巡洋艦に艦種変更される。

1937年（昭和12年）9月
米海軍、ブルックリン級1番艦「ブルックリン」が就役する。大型の軽巡洋艦として同級は7隻建造され、さらに追加の2隻は改良を受けてセント・ルイス級となる。

1938年（昭和13年）11月
日本海軍、強力な航空戦力の運用能力を備えた利根型1番艦「利根」が就役する。

1939年（昭和14年）2月
開戦前に就役した最後の重巡洋艦「ウィチタ」をもって、米海軍は18隻の重巡洋艦を擁することになった。

1941年（昭和16年）12月7日
日本海軍は真珠湾奇襲攻撃を実施。太平洋戦争が勃発する。

12月24日
米海軍、アトランタ級防空巡洋艦1番艦の「アトランタ」が就役する。11隻の建造計画のうち8隻が戦争中に就役、3隻は間に合わず戦後に就役する。

1942年（昭和17年）2月27日
ジャワ沖海戦。1916年のユトランド沖海戦以来となる大規模な海戦で、重巡那智と羽黒が率いる水上打撃部隊は、米英蘭濠4ヵ国の連合部隊を圧倒する。

8月9日
第1次ソロモン海戦。ガダルカナル戦役の端緒となる海戦で、アメリカ軍は一方的な敗北を喫した。重巡5隻を擁する日本海軍は、アメリカの条約型巡洋艦3隻と、オーストラリアの重巡1隻を撃沈している。

ニュー・オーリンズは最初の条約型重巡洋艦である。同艦は前級に比べて整理された外見となっているが、実際に高い防御力を備え、バランスに優れた巡洋艦だった。（アメリカ海軍歴史センター）

1932年、就役直後の愛宕。当初は八九式連装魚雷発射管4基（合計8門）と射出機を積載していた。高雄と同様に艦橋は近代化改修を受けたが、高雄に損傷を与えたのと同じ、潜水艦の攻撃によって、レイテの戦いで沈没した。（呉市海事歴史科学館 大和ミュージアム）

10月11～12日	サボ島沖海戦。アメリカ軍は、日本海軍が得意とする夜戦を敢行して混戦に持ち込む。米海軍の巡洋艦隊4隻（重巡、軽巡それぞれ2隻）が日本の重巡艦隊を相手に優勢に戦いを進め、古鷹を撃沈した。
11月13日	第3次ソロモン海戦の第一幕。戦艦2隻を含む日本艦隊がガダルカナル島のヘンダーソン飛行場を艦砲射撃したが、重巡2隻、軽巡3隻を含むアメリカ艦隊の反撃を受けて退避した。
11月15日	第3次ソロモン海戦の第二幕。戦艦1隻と高雄型重巡2隻を含む日本艦隊が、再度ヘンダーソン飛行場の艦砲射撃を試みる。しかし、アメリカは最新型戦艦2隻を投入して日本艦隊の撃破に成功。ガダルカナルを巡る戦いの転換点となった。
11月30日	ガダルカナル戦役を締めくくるルンガ沖夜戦が発生する。ガダルカナルへの輸送任務中だった日本軍駆逐艦隊が、迎撃にでたアメリカ軍巡洋艦隊を撃破。ノーサンプトンが撃沈、他に3隻の巡洋艦も雷撃によって大破している。
1943年（昭和18年）3月	アッツ島沖海戦。太平洋戦争における巡洋艦同士の戦いとしては最後になる。ソルト・レイク・シティが大破したが、日本艦隊の摩耶と那智は決定的な勝利までは収められなかった。
1945年（昭和20年）8月	太平洋戦争が終結する。日本海軍が戦前に保有していた18隻の重巡洋艦のうち、残っていたのは大破した2隻だけであった。一方のアメリカは、18隻のうち11隻が生き残っていた。

開発と発展の経緯
DESIGN AND DEVELOPMENT

　戦間期に主要海軍国の間で締結された一連の海軍軍縮協定は、太平洋戦争に投入された日米の重巡洋艦の数と各々の特徴に強い影響を及ぼしている。1921年、アメリカの提唱により、将来の建艦競争を抑制するための枠組み作りの協議が、ワシントンにて行なわれた。この協議の成果は、ワシントン海軍軍縮条約として1922年2月6日に締結された。条約の狙いは、条約が定める期間における調印国の戦艦保有数を削減することにある。そして、既存艦を置き換えた場合も含め、イギリスとアメリカの保有戦艦の総基準排水量はそれぞれ50万トン、日本は30万トンと取り決められた。航空母艦の保有割合も同じ比率で決められている。

　しかしながら、イギリスの反対にもかかわらず、巡洋艦の建造に関しては同様の規制が加えられなかった。それでも個艦性能については、基準排水量1万トン以下で、主砲口径は最大8インチ（20.3㎝）までと、上限が設定されている。この上限設定は、日米双方に受け入れられた。広大な太平洋での運用を想定した大型巡洋艦の建造には支障がないと判断されたためである。そして条約では、このタイプの重巡洋艦について保有隻数までは制限していなかったので、間もなく1万トン級の巡洋艦は日米間の建艦競争における重巡洋艦設計の基本形となる［訳註6］。

　1927年に開催されたジュネーブでの海軍軍縮協定では、巡洋艦に保有上限を設けようとする動きが見られたものの、これが実現することはなく、結論は1930年のロンドンに持ち越されることになった。この時には、巡洋艦の保有総トン数でイギリス海軍がアメリカを上回っていたために、イギリスの姿勢は寛大であり、ここで初めて巡洋艦の保有総トン数を設定することができた。日米両海軍の関係に注目するならば、第1次ロンドン海軍軍縮協定において次のような取り決めが為されている。すなわち、重巡洋艦（CA）は口径6.1インチ（15.5㎝）より大口径の主砲を搭載した艦で（上限8インチの枠組みは有効）、軽巡洋艦（CL）は6.1インチ以下の主砲を搭載した艦とする［訳註7］。重巡洋艦の保有隻数は、アメリカが18隻で、日本は12隻とする。また、これらの制限は、1935年に開催する第2次ロンドン海軍軍縮協定で再定義することも盛り込まれた。この時には、日本は軍縮交渉とその国際的枠組みからの脱退を決意していたので、調印したのは米、英、仏の3ヵ国に留まっている。この中では、新造軽巡洋艦の上限排水量は8000トンと決められたが、すでに建造が始まっていた1万トン級軽巡洋艦のブルックリン級については、規制を適用しないことが認められた。

　1936（昭和11）年、日本は2年後の1938（昭和13）年末までに海軍軍縮協定から離脱することを関係各国に通告した。しかし、すでに16年もの間、日米の巡洋艦建造思想は一連の海軍軍縮協定の枠組みのもとで強い影響を受けていたために、来るべき戦争に向けて急がれた新造巡洋艦も、

訳註6：1922（大正11）年に批准されたワシントン海軍軍縮条約によって、各国が新たに建造する巡洋艦は上限が基準排水量1万トン、主砲口径は8インチ（20.3㎝）に制限されるとともに、保有隻数も国ごとに決められた。重巡洋艦とは、条約の制限に沿って建造された条約型巡洋艦の俗称であり、条約発効時には存在しなかった用語である。

訳註7：1930（昭和5）年に締結されたロンドン海軍軍縮条約では、巡洋艦について、基準排水量が1850トンを超えるか、または6.1インチ（15.5㎝）を超える主砲を持つ戦闘艦艇が、巡洋艦であると定義された。さらに砲口径が6.1インチを超えるかどうかで、巡洋艦を2種類にカテゴライズしている。日本では6.1インチ超の巡洋艦を甲巡、以下を乙巡と呼んだが、米英ではA巡、B巡と区別し、またアメリカではHeavy Cruiser（CA）、Light Cruiser（CL）という呼称も用いられている。

日米巡洋艦保有トン数

	重巡洋艦(A巡/甲巡)	軽巡洋艦(B巡/乙巡)	計
米海軍	180,000	143,500	323,500
日本海軍	108,400	100,450	208,850

根本の所ではその影響から脱することはできなかったのである。

■ アメリカの条約型重巡洋艦
US NAVY TREATY CRUISERS

　1922年12月、米海軍建造計画（USNavy Building Program）においてオマハ級軽（偵察）巡洋艦10隻と、基準排水量1万トンの条約型巡洋艦16隻の、合計26隻からなる新造巡洋艦建艦要求が策定された。最初の条約型巡洋艦については、1924年12月18日まで議会は予算承認をしなかった。この時までに建造が認められていた8隻についても、1927年までは予算案が通過していない。この8隻の内訳は、ペンサコラ級2隻と、ノーサンプトン級6隻である。

　巡洋艦の新造に際して、米海軍はワシントン海軍軍縮条約で定められた基準排水量1万トン以下、最大主砲口径8インチ以下という条件をすんなりと認めていた。1920年までに、海軍は8インチ砲を搭載する大型巡洋艦の設計を進めていたからである。海軍の艦艇設計案に承認を与える統合委員会（The General Board）は、基本設計の要求案をいくつか予見していた。すでに述べたように、太平洋での作戦を考慮して、大型の巡洋艦は長大な航続距離と凌波性を備えていることが望ましい。加えて、条約型巡洋艦の主要な任務が、いまだ偵察に重きを置かれていたことも影響している。レーダーが実用化されるまでは、巡洋艦が発揮する速度と航続距離、そして（敵の哨戒艦艇程度なら容易に駆逐できる）重武装こそが、偵察任務に最適な条件だと見なされていたからだ。同時に、数が少ない戦艦を投入するのがためらわれる危険な任務にも、重武装を誇る巡洋艦ならば充分に代役を果たすだろうと期待されていた。

　最初の条約型巡洋艦に関する予備設計案を見ると、新造巡洋艦に対して、海軍は防御力よりも攻撃力を重視していたことがわかる。1923年に提出された最初の設計案では、8インチ砲12門、最高速度時速35ノットの性能要求に対して、装甲は極めて薄かった（弾薬庫周辺の装甲厚19mm、司令塔および機関部31mm）。海軍上層部では、この装甲の薄さが問題視され、1925年3月には当初の要求を8インチ砲10門、最高速度32ノットに抑える代わりに、1090トン相当の防御装甲を追加するように素案を改定した。

　ノーサンプトン級巡洋艦の設計作業は、ペンサコラ級巡洋艦の建造が始まるよりも早い段階から具体化していた。主砲の数を10門から9門に削減（砲塔を4基から3基に削減）したことで、防御力は若干向上し、凌波性も改善した。そして、設計陣の予想に反し、最初に登場する2種類の条約型巡洋艦は、ともにかなり軽量なものになった。条約の取り決めでは、個艦重量の上限を「基準排水量 [訳註08]」で設定している。この重量には、燃料やボイラー用の水は含まれていない。1万トンというという制限が内包するこのような複雑な計算に直面した設計陣は、重量制限オーバーに対して過度に懸念して重量軽減策にこだわり、その結果が最初の条約型巡洋艦の設計に反映された。すなわち、ペンサコラ級の基準排水量は9138トンで

訳註08：艦のサイズを制限するに際して、各国ごとに差違があった艦艇排水量の計算基準を統一するために、ワシントン軍縮条約では、満載状態（最大限の戦闘力が発揮できる状態）から燃料と予備罐水を除いて求める基準排水量（Standard Displacement）を定義した。

あり、もう一方のノーサンプトン級は8997トンとさらに下回っているのである。設計も、細身の船体によって復元性が不足していたため、海面の状態を問わず艦の動揺に悩まされた。また艦の構造にも軽量化を盛り込みすぎたために、主砲を3基斉射した場合に、船体が損傷する恐れがあった。

　主に防御力の面が不安視されたことで、ペンサコラ級とノーサンプトン級の完成度は当初から不満が持たれていた。「ハンマーで武装した卵の殻」と批評した専門家もいる。そして、初期設計案において未使用分の重量が1千トン近くあったことが明らかになると、海軍は次の巡洋艦ではこの不満を解消しようと決心したのである。

　上記8隻の条約型巡洋艦の調達が確定した後、1929年に海軍は5つのグループに分けられた巡洋艦、計15隻の建造案を提出した。そのうち第1のグループはノーサンプトン級の改良案で、特に最初から高い防御力を目指して設計されたことが、大きな違いだった。例えば、弾薬庫の側面装甲厚は前級の107mmから146mmまで増加している。このうち1隻は艦隊旗艦にも代用できるように擬装が施されることとされていた。

　第2グループは、すでにかなりのところまで計画が進んでいた。狙いは改良型ノーサンプトン級を上回る性能獲得が狙いであることははっきりしているので、海軍では第1グループの優れた部分は踏襲することに決めていた。しかしすでに第2グループの2隻の建造が民間造船所において認められていて、設計案の変更にも多額の予算が必要となる。したがって、この2隻はポートランド級としてまとめられた。そして残りの3隻（ニュー・オーリンズ、アストリア、ミネアポリス）は設計案の改良を受けてニュー・オーリンズ級としてまとめられた。

　ニュー・オーリンズ級8隻のうち、残る5隻の建造計画は、ロンドン海軍軍縮協定の決定を受けて、4隻──タスカルーサ、サンフランシスコ、クインシー、ヴィンセンズ──だけの就役となった。これらはすべて、重量軽減措置に対してもっとも改修が集中している。条約型巡洋艦の設計に際して、当初、設計陣が重量軽減に神経をすり減らしていたのは、すでに書いたとおりである。そこで、第2グループについては条約型巡洋艦の第2世代に位置づけられる設計案を盛り込もうと考えられていた。ポーランド級およびニュー・オーリンズ級は、魚雷発射管を廃止していて、これは最初の条約型巡洋艦との大きな違いとなっている。また、砲塔の装甲も強化されている。

　ロンドン海軍軍縮協定はアメリカの巡洋艦設計思想に新たな方向性の模索を強いた。ニュー・オーリンズ級の完了をもって8インチ砲搭載艦の保有数に上限が設けられた結果、ユニークな「ウィチタ」が誕生することになる [訳註09]。ブルックリン級として知られる、6インチ（15.2cm）砲搭載の新型巡洋艦にはいくつかの新基軸が盛り込まれていた。それまでの条約型巡洋艦が艦の中央に配置していた航空兵装は、艦尾に移されている。また6インチ砲弾には半固定式砲弾を使用しているために、射撃速度が速い。設計陣は6インチ砲を採用したことで口径が小さくなってしまった不利を、砲弾を重くすることで埋め合わせようと考えていた。当初、ブルックリン級では3基12門の6インチ砲を搭載する予定だったが、1933年に日本海軍が最上型軽巡洋艦に6.1インチ（15.5cm）砲15門を搭載すると公表したことで、ブルックリン級の当初の設計案は破棄され、最上型を意識し

訳註09：「ウィチタ」は米海軍の重巡洋艦保有枠18隻の最終艦で、ニュー・オーリンズ級となるはずだったが、ロンドン条約の制限に基づいたブルックリン級をモデルに再設計したために、単独艦となった。5インチ38口径両用砲を第2、第3砲塔の間の中心線上に配置したはじめての艦で、対空攻撃時に有効であることがわかり、以後の艦の砲配置のスタンダードになった。

1940年に撮影されたクインシーからは、条約型巡洋艦としての最終的な特徴が見て取れる。初期型に比べると、ニュー・オーリンズ級の改修箇所は、砲塔、艦橋構造物、三脚マストに変わる棒マストの採用、航空兵装の位置変更、5インチ副砲の配置など多岐にわたる。砲塔の上面には航空識別用のマーキングも施されていた。(アメリカ海軍歴史センター)

たデザインに変更になったのである。また、ブルックリン級の速力と航続距離は、前級と同等にすることは当初から動かず、同時に、8インチ砲の攻撃に耐えられる船体を持つことも要求されている。1934年、残りの巡洋艦保有枠を消費してまで、このような軽巡洋艦を建造するべきかどうか、検討し尽くされた後に、この1万トン級の新型軽巡洋艦3隻分の予算が議会の承認を受けた。最終的には、(8000トン級の) 小型船体に応じた攻撃力と防御力の設計案は拒否されている。こうして7隻のブルックリン級軽巡洋艦が建造された。

ブルックリン級の最後の2隻は、さらに改修を受けて、セント・ルイス級(セント・ルイス、ヘレナ)となった。主要な違いは従来の25口径5インチ砲を、高性能の38口径5インチ砲に変更したことにある。ブルックリン級の5インチ砲はすべて単装砲だったが、セント・ルイス級は米海軍の巡洋艦として初めて連装両用砲を搭載しているため、4基でブルックリン級と同じ副砲の砲門数を確保できた。またふたつの機関室を同じくふたつのボイラー室から離して配置するなど、艦内設計にも改良を加えられているため、戦闘時の損害に対して強靭になっていた。

条約型巡洋艦の最後を飾るのは、8インチ砲搭載型に改修したブルックリン級、すなわちボルティモア級である。1930年のロンドン海軍軍縮条約により、米海軍は1934年と35年にそれぞれ8インチ砲搭載の巡洋艦建造を認められていた。最初の1隻はニュー・オーリンズ級に割り当てられたが、残る1隻は重巡と軽巡両方の特徴を持った艦となったのである。つまり、ブルックリン級の船体を使うことで航続距離が増大する他、航空擬装や副砲の配置などの優れた特徴はそのまま流用できた。こうして完成した「ウィチタ」は、戦争中に建造された傑作巡洋艦ボルティモア級の原点となったのである。

米海軍の巡洋艦運用方針
US NAVY CRUISER DOCTRINE

　戦間期の米海軍では、敵海軍を迅速に圧倒して勝利を決定づけることを目的として、すべての艦種の特徴を引き出して効果的に運用する統合的な攻勢運用の研究が盛んだった。海軍首脳部の頭を占めていたのは、日本海軍との来たるべき戦いであり、決戦は西部太平洋のいずれかで発生するだろうという予想が大勢を占めていた。これはマハンが提唱していた決戦を重視する海軍戦略を受け継いだ米海軍の本質でもある。

　このような壮大な軍事戦略において、巡洋艦隊は重要な役割を占める。まず巡洋艦隊は、両軍の接近に備えて、防備の弱い艦に対する盾としての役割が期待されていた。加えて重要なのは、巡洋艦が偵察任務に最適なプラットホームだとみなされていた点である。巡洋艦は独立した作戦に耐える強靭な船体を持つと同時に、敵の哨戒艦艇程度なら圧倒できる火力を発揮できるので、敵主戦力の動向を追跡するにはうってつけの艦であった。そして決戦となれば、巡洋艦は艦隊の前衛を占めるのである。決戦に際しては、まず最初に駆逐艦が敵艦隊に肉薄すべく積極的に前進する展開が予想されるが、この時に巡洋艦は、火力支援によって駆逐艦の進路を切り開くのである。もっとも、巡洋艦自身が敵の魚雷攻撃を受けないようにある程度の距離を保つべきなのは言うまでもない。このようにして前哨戦が終わり、いよいよ両艦隊の主力艦が砲火を交わす段になったら、巡洋艦は敵の戦艦や巡洋艦を相手とする砲列に加わるのである。

　確かに、こうした努力は大規模な艦隊決戦に向いてはいたが、実際は想定したような海戦は起こらず、ガダルカナルでも空振りに終わっている。比較的小規模な艦隊の小競り合いが主となる海域に大規模な艦隊を投入するのは、非常に高リスクだからだ。

　米海軍に夜戦を軽視した事実はないが、決戦の行方を左右するほどの要素とは見なしていなかった。そして太平洋戦争に突入した後は、状況の変化に迅速に適応し、かつ正確な射撃をすることこそが、夜戦の勝敗の決め手であると痛感する。魚雷戦術も重視されていたが、ガダルカナルのような状況は想定していなかった。戦間期の訓練や演習で重視されたのは、すばやく敵艦との距離を計測し、装填から発射までをいかにスムースにこなすかという点だったのである。近距離での戦闘が想定される夜戦では、初弾をいかに素早く命中させるかということが重要である。これを達成するために、米海軍はたとえ光源の条件などが悪くても、先に戦端を開く意識を重視した。迅速な弾着観測によって距離を測ろうと考えたのである。一度でも敵艦との距離が確定すれば、あとは夾叉の精度を高めるだけでよく、命中弾を送り込むまで状況を維持すればよい。充分に訓練された兵員に支えられていれば、この戦術方針は効果的である。速射性能に優れた6インチ砲を搭載したブルックリン級は、こうした戦術思想の実現にうってつけの巡洋艦である。信頼性と精度に優れたレーダーの登場によってレーダー射撃が可能になると、測距までの時間は短縮されて、射撃戦は一層激さを増していった。

アメリカ太平洋艦隊の偵察艦隊に所属する4隻が、着水している水上機共々艦隊機動を披露している場面。1933年撮影。当初は日本艦隊と本格的な接触をするまでの偵察任務こそが重巡洋艦の主要任務だと考えられていた。(アメリカ海軍歴史センター)

日本海軍の条約型巡洋艦
IMPERIAL NAVY TREATY CRUISERS

　日本海軍の重巡洋艦開発は、ワシントン海軍軍縮条約の批准よりも早い段階で始まっている。しかし、これら初期の重巡洋艦こそが太平洋戦争では主要な役割を果たしているし、開発面においても、以降の重巡洋艦設計に大きく影響している。もともと、日本の初期の重巡洋艦は、アメリカのオマハ級、イギリスのホーキンス級を意識して設計されていた。したがって、日本は排水量7500トン、50口径三年式20㎝砲を6門搭載し、時速35ノットの速度性能を発揮できる艦の開発を目指している。これはワシントン条約における基準排水量の上限1万トンという縛りに抵触しないため、1922(大正11)年2月に締結された条約の影響を受けることはなかった。

　こうして日本海軍は条約締結前に4隻の巡洋艦、古鷹型と青葉型それぞれ2隻を就役させていた。古鷹型は、小さな船体に重武装を詰め込む日本海軍巡洋艦の雛形とも言える艦であり、魚雷発射管も備えている。攻撃力を優先していた結果、防御力は後回しにされたが、速度は重視されていた。

　ワシントン海軍軍縮条約が締結された直後、日本海軍は本当の意味での条約型巡洋艦の開発に取りかかった。アメリカと同様に、日本海軍も条約型巡洋艦について求められた重量および武装制限には異を唱えなかった。最初の条約型巡洋艦に対する海軍の要求は、まず武装が、連装20㎝砲4基8門(3門が艦首、1門が艦尾)、12㎝砲4門、連装61㎝魚雷発射管4基。速度は35.5ノットで、航続距離は時速13.5ノット航行時で1万海里である。装甲も軽視されていたわけではなく、重要部位は15㎝砲の直撃弾に、それ以外の部位も20㎝砲の命中がもたらす破片になら耐えられるように配慮されていた。設計案は主砲を10門に増加して魚雷発射管を撤去し、航続距離を抑え気味にする修正を施した後に、1923(大正13)年8月に承認を受けた。もちろんワシントン条約の制限に合致していることは言うまでもない。

　しかし、いざ建造が始まってみると、最初の条約型巡洋艦である妙高型

就役直後の1926（昭和2）年に撮影された古鷹型の2番艦「加古」。砲塔に格納された12cm単装砲と一二式61cm固定魚雷発射管がこの時期の特徴である。艦橋の前の中甲板に1基、後部煙突の後方に2基の魚雷発射管が確認できる。（呉市海事歴史科学館　大和ミュージアム）

の様子は当初とはずいぶんと変わってしまった。海軍軍令部は雷撃能力を復活させ、かつ連装発射管から3連装発射管に変更させたのである［訳註10］。さらに12cm砲も6門に増やされた。他の変更も加えると、艦の基準排水量はあきらかに1万トンを超えてしまう。実際、最初の公試における基準排水量は1万1250トンに達していたのである。このような条約違反を日本海軍は故意に犯し、当然、報告しようとはしなかった。

　米海軍の建艦計画に歩調を合わせるために、昭和2年度計画で4隻の重巡洋艦建造計画が認められた。これが、条約型巡洋艦のなかで最も強力な高雄型となる。基本的には妙高型を踏襲するところから始まったが、結局は海軍はこの設計について洗練の度合いを強めたものにすることを決めた。主要な改良点は、主砲の最大仰角を70度にまで引き上げて、対空射撃も可能にしたことである。12cm砲は4門への削減が認められた。装甲は、特に弾薬庫の防備を中心に強化された。さらに顕著な改良部位としては、射出機（カタパルト）を前級までの1基から2基に増やしたことと、中甲板に設けた固定魚雷発射管を廃して、甲板上に魚雷発射管を移したことだろう。魚雷発射管は船外のスポンソンに設置されたが、これは誘爆時に艦に直接被害を及ぼさないようにする配慮である［訳註11］。

　高雄型の船体は、妙高型に類似しているが、前部艦橋構造物の周辺に大量の追加装備を施したため、外見は劇的に変化している。特に艦橋の大型化は、高雄型に旗艦能力を付与すべしとの要求を満たすためであり、結果として艦橋構造物全体の内部容積は、妙高型の3倍にも達している。当然、大型化した高雄型の外見は日本海軍が条約違反を犯しているという推測を条約批准国に抱かせることになった。海軍も改良に伴い重量が増加することを承知していたが、これを相殺するために、建造行程においては鋲止めを減らして、溶接を多用した。それにも関わらず、重量増加は10%を上回り、基準排水量は1万1350トンに達している。古鷹型以来、日本海軍は一貫して設計時の計算が不正確である。この悪癖は結局改められることが無く、条約の規制を違反する口実に用いられていた［訳註12］。

　高雄型が完成したことで、日本海軍が保有する重巡洋艦はロンドン海軍

訳註10：妙高型の計画当時に使用されていた八年式魚雷は、乾舷が高い巡洋艦の上甲板から発射に耐える胴体強度が不安視されたため、古鷹型と青葉型では中甲板に一二式61cm固定発射管を設けて、この魚雷を運用することになった。しかし、雷装の艦内配置は防御面で不利となるため、妙高型では当初、一二式61cm連装発射管を4基搭載する予定だったが、後に軍令部の主張で、一二式61cm3連装発射管を4基搭載し、雷撃力を増強することになった。

訳註11：九〇式魚雷が開発されたことで、乾舷の高い巡洋艦の上甲板からでも魚雷を発射できるようになった。これを受けて高雄型は最初から八九式61cm連装発射管4基8門を上甲板の両舷に2基ずつ配置していた。

訳註12：妙高型は条約規定に従い、正しく1万トンの基準排水量で設計・建造されたが、後の仕様変更や雷装の追加によって規定の基準排水量を上回ることになった。しかし、基準排水量の定義が、もともと渡洋作戦を前提にして燃料搭載量を大きくとっていた米海軍にとってかなり有利な条件であり、また各批准国とも規定に対する抜け道の発見と拡大解釈には余念がなかったので、状況は大同小異だったといえる。それでも、重量増加を覚悟の上で兵装強化に踏み切った日本の態度は、批判をかわしきれないと思われる。

開戦時と同じ装備状況の妙高。すでに大改修を受けているため、12cm砲は12.7cm連装砲に換装されている。第2煙突の後部には2基の射出機と格納庫が確認できる。また、重雷装が売りの妙高型だが、カタパルトの下には九二式4連装魚雷発射管が確認できる。（呉市海事歴史科学館　大和ミュージアム）

軍縮条約の割り当て保有隻数である12隻に達した。同条約の中では、日本海軍は乙型巡洋艦、すなわち軽巡クラスであればまだ保有できることになっている。さらに条約の規定では、1931（昭和6）年から1937（昭和12）年の間に、日本海軍は老朽艦を4隻の新型軽巡洋艦に置き換えることが認められていた。こうして1930（昭和5）年には新型軽巡洋艦、最上型の設計が始まったわけだが、これもほとんど通例となったように、海軍の設計陣は与えられた排水量ではとうてい実現不可能と思われるような建艦要求を受けて設計に取り組まなければならなかった。船体の排水量は8500トンであるにもかかわらず、重巡洋艦と同等の装甲を持ち、かつ15.5cm砲15門、61cm魚雷発射管12門を搭載することが求められていたのだ。さらに原則として、主砲は条件が整い次第、20.3cm砲に交換できるようにも求められていた。

　このような要求を実現するために、設計時には考え得る限りの重量軽減策が盛り込まれた。それでも1931（昭和6）年に出された設計案では排水量は9500トンに達し、安定性は危険なほど軽視されていた。さすがに安定性の悪さが問題視されている間に、1934（昭和9）年には友鶴事件、さ

1935年、改修後の足柄。4連装魚雷発射管が左舷スポンソン部に設けられているのは、魚雷誘爆時の損害を軽減するための工夫である。（呉市海事歴史科学館　大和ミュージアム）

らに翌年には第四艦隊事件[訳註13]が発生する。友鶴事件の反省から、最上型巡洋艦の最初の2隻については改修が加えられていたが、それでも安定性の問題はわずかしか改善していなかった。そして第四艦隊事件が決め手となり、同型全艦が大改修のために工廠送りになったのである。1938（昭和13）年1月までには、4隻の大改修が完了し、翌年には再度の改修が行なわれたが、その際には5基の15.5cm砲塔は連装20.3cm砲塔と交換されている。こうして過程を経て、太平洋戦争が始まったときには、最上型は実質的な重巡洋艦として戦っているのである。最上型重巡洋艦は20.3cm砲10門の他、副砲として連装12.7cm砲を4基8門搭載しているのに加え、再装填可能な魚雷発射管まで備えていた。防御力も、日本海軍の重巡洋艦に準じたものとなっている。

　日本海軍最後の巡洋艦は、1934（昭和9）年に建造が始まり、1939（昭和14）年に揃った利根型の2隻である。基本的には最上型を踏襲しているが、改修を繰り返した最上型の反省から、利根型には主砲を艦の前方に集中配置し、艦尾は航空機の運用能力を高めた航空巡洋艦としてのまったく新しい役割が求められていた。それでも、雷装は残されている。戦争が始まると、利根型は偵察機のプラットホームとして空母機動部隊に随伴し、活躍したのである。

訳註13：1934（昭和9）年3月、水雷艇「友鶴」が荒天下の海上で転覆事故を起こした際、後の原因究明調査で、同型艦をはじめ、多数の新型艦船がトップヘビーによって復元性に問題があることが判明した。また翌年9月には演習時の第四艦隊が、荒天に遭遇した際に、多くの補助艦艇で船体切断や艦橋構造物の破損などの事故が頻発した。これも船体の強度不足が原因となった事故で、対処のために補助艦艇を中心に大規模な改修工事が加えられた結果、多くの艦船が重量増加などの理由で期待通りの戦闘力を発揮できなくなる。当然、海軍の艦隊整備計画も大幅に遅延した。

1932年、就役直後の高雄。船体は妙高型の配置を踏襲しつつも、艦橋構造物が飛び抜けて大きいことは一目でわかる。（呉市海事歴史科学館　大和ミュージアム）

改修前の最上型巡洋艦「鈴谷」。この角度から見ると（改修前の15.5cm砲であるが）背負い式となった第3砲塔をはじめ、主砲配置の様子がはっきりとわかる。魚雷発射管の位置は、妙高型に比べて艦尾寄りになっている。（呉市海事歴史科学館　大和ミュージアム）

日本海軍の巡洋艦運用方針
IMPERIAL NAVY CRUISER DOCTRINE

　艦隊決戦の行方を決めるのは戦艦の主砲であるという認識は、米海軍と同様に日本海軍も持っていた。しかし、発想の原点は同じであっても、日本海軍では巡洋艦隊の役割について、アメリカとはまったく違う考え方を持っている。

　日本海軍では、巡洋艦が強力な雷撃力を持つべきことを重視していた。攻撃力の核として、戦艦の主砲の次に、魚雷の威力を重視していたのである。魚雷の威力を最大限に引き出すためには、発射プラットホームとなる艦は少しでも敵に肉薄できる強靱性を持つことが望ましい。同時に、魚雷は夜戦においてもっとも効果を発揮する。しかし、日本海軍では、昼夜にこだわらず画期的な能力を発揮する長射程の魚雷開発に心血を注いでいた。この努力は酸素魚雷として結実し、1936（昭和11）年にはすべての魚雷が酸素魚雷に切り替えられた。これが米海軍には「ロングランス」として知られることになる九三式酸素魚雷である。最高機密といえる酸素魚雷の運用を最初に任されたのが重巡洋艦であった。夜戦、昼戦を問わず、敵艦隊が危険を察知するよりも早く、一斉に大量の魚雷を発射することが、酸素魚雷を搭載した重巡洋艦に求められた戦術的役割であった。最初の雷撃によって引き起こされた損害と混乱に乗じて水雷戦隊が肉薄し、さらに雷撃を加えて戦果を拡大しようというのである。日本海軍は、こうした戦術方針にしたがって水雷戦術を磨き上げ、昼夜にわたって大規模な訓練を繰り返して、魚雷の再装塡速度を短縮しようと躍起になった。このような雷撃面での優越を元に、彼らは巡洋艦同士の戦いでは絶対におくれを取る

利根型2番艦の筑摩。20.3cm主砲4基8門はすべて艦首方向に配置され、艦尾には偵察機5機を搭載するという、非常にユニークな配置が確認できるだろう。（アメリカ海軍歴史センター）

ことはないという自信を得ていたのである。

　日本海軍の海戦要務令でも、夜戦は重視されていた。もともと米海軍に対して数の上で劣勢を強いられているために、戦艦部隊同士の決戦を前に、敵の数を減殺するには、夜戦が最適であると考えられたのである。

　夜戦の実施に際しては、日本海軍はいくつか重要な戦術を考案している。伝統的なのは、艦に搭載した探照灯で敵を照射する方法だが、これは敵にも自艦の位置を暴露してしまう事になるため、照明となる星弾や落下傘付き星弾が開発された。しかし、夜戦時において日本海軍の優位を確立していたのは、初期のアメリカ製レーダーをも凌ぐ、優れた光学観測機器の存在だろう。夜戦が発生すると、重巡洋艦の支援を受けた駆逐艦が「夜間水雷戦隊」を形成する。そして、巡洋艦隊が最大射程から魚雷を発射した後に、艦砲支援を受けた水雷戦隊が敵の艦列に突撃を仕掛けるのである。

高雄型4隻の他、数多くの軽巡を従えた第四戦隊の偉容。これらの強力な巡洋艦隊は、対米戦を想定した日本海軍の複雑な作戦計画の中で、極めて重要な一翼を担っていた。(呉市海事歴史科学館 大和ミュージアム)

対決前夜
THE STRATEGIC SITUATION

　1941年12月7日、強力無比な日本の第一航空艦隊から飛び立った艦載機群が、太平洋最大の米海軍根拠地である真珠湾を奇襲攻撃した瞬間から、太平洋戦争が始まった。ところが、大成功に終わった航空奇襲は、両陣営が従来予想していた戦争の展開を大きく変えてしまう。つまり、西部太平洋のいずれかで日米両国の戦艦部隊同士が雌雄を決するという展開が望めなくなってしまったのである。いまや制空権こそが太平洋戦争の勝敗を決める鍵となり、日米両海軍においても、航空戦力が作戦の主体に切り替わり始めていた。

　真珠湾攻撃によってアメリカ太平洋艦隊を麻痺状態に追い込み、戦争の主導権を握った日本軍は、矢継ぎ早に支配地を拡大した。マレー沖海戦でイギリス東洋艦隊主力の戦艦2隻を沈めた後、今度はオランダ領インドネシア（蘭印）から脆弱な連合軍艦隊戦力を一掃するために動きだし、1942（昭和17）年2月27日に発生したスラバヤ沖海戦に勝利して、インド洋東部一帯の連合軍戦力は消滅した。この海戦では、日本海軍の重巡部隊が、予想通りの戦闘力の高さを証明したのである。海戦の詳細を見てみよう。ジャワ島侵攻作戦の支援には、那智、羽黒の重巡洋艦2隻の他、軽巡2隻と駆逐艦14隻の水上打撃部隊があたっていた。対するイギリス、アメリカ、オランダ、オーストラリア4ヵ国のABDA艦隊［訳註14］は集結して日本軍に立ち向かうことを決めた。ABDA艦隊の陣容は、重巡洋艦2隻（米：ヒューストン、英：エクセター）の他、軽巡3隻、駆逐艦9隻からなる。戦闘は、遠距離からの重巡同士の主砲の応酬で始まった。しかし双方とも決定打が出ないうちに、砲戦距離はどんどん縮まり、重巡羽黒、軽巡2隻、駆逐艦6隻がついに合計39本の九三式酸素魚雷を発射する。ところが、日本軍にとっては不本意なことに、この重厚な水雷攻撃はオランダ駆逐艦1隻を撃沈したに留まってしまう。それでも重巡の20㎝砲弾がエクセターに命中して速度低下を引き起こしたため、敵艦隊は混乱状態に陥った。

　引き続き、日本軍は重巡からの16本を含む98本もの魚雷攻撃を行なったが、命中弾しなかった。加えて、重巡の主砲弾302発もすべて外れている。そうこうしているうちに、戦闘は夜戦へと移行した。駆逐艦の護衛を伴わないABDA艦隊の巡洋艦4隻は、再度、日本の輸送艦隊を襲撃しようと試みた。那智の見張員は距離1万4000mで敵艦隊の姿を認め、ただちに砲撃戦が始まった。この時、那智と羽黒は合計12本の魚雷を発射している。この攻撃によって、オランダの2隻の軽巡にはそれぞれ魚雷が1本命中して撃沈となり、海戦は実質的に終了した。ABDA艦隊の損害は、軽巡2隻、駆逐艦3隻が撃沈、日本の損害はゼロだった。こうして日本は海戦の勝者となったものの、その戦闘力に特筆すべき要素は見あたらない。海戦で日本軍が使用した魚雷の数は153本になるが、命中したのは4本だけだった

訳註14：1942年1月、蘭印に展開していた連合軍4ヵ国は日本の侵攻に備えてABDA連合司令部を設置し、艦隊はオランダのカレル・ドールマン少将が率いることになった。海上での衝突は1月12日のタラカン湾海戦から始まり、しばらくは小競り合いに終始していたが、2月19日から20日にかけてのバリ島沖海戦から一気に加熱した。2月27日のスラバヤ沖海戦では軽巡デ・ロイテルが撃沈されて、ドールマン少将が戦死し、直後の3月1日にはバタビア沖海戦で重巡ヒューストンを含む残存主力艦が掃討されて、ABDA艦隊は壊滅した。

1935年4月撮影の重巡ノーサンプトン。背後の艦はニュー・オーリンズ級だが、比較すれば違いは明瞭である。ヒューストンは、太平洋戦争で最初に失われた条約型巡洋艦となった。1942年3月1日、バタビア沖海戦で最上、三隈と交戦し、魚雷3発を受けて撃沈されたのである。（アメリカ海軍歴史センター）

訳註15：アーネスト・J・キング（1878～1956）。海軍作戦部長兼合衆国艦隊司令長官。彼は海軍作戦部長の権限を強化して、海軍戦略、兵站、人事を掌握し、特に対日戦争指導で辣腕をふるう。自身の能力に絶対の自信を持ち、ときにニミッツやハルゼーのような優秀な部下にさえ、辛辣な評価を下すことがあったが、対日戦に有効な通商破壊戦略を統合的に推進しただけでなく、太平洋戦線に可能な限り優先的に戦争資源を配分できたのは、彼の手腕に拠るところが大きい。

からだ。もっとも、魚雷攻撃が勝利をたぐり寄せる決定的要因になったのには違いなく、そうなると重巡の砲撃はさらに印象が薄い。主砲射撃弾数は1619発に達するが、命中弾はわずか5発に過ぎなかった。

蘭印方面の占領を予定通り進めている間に、南太平洋全域における日本軍の第一段作戦は成功を納めていた。ニュー・ブリテン島の一大根拠地であるラバウルが陥落したのは、1942年1月23日のことである。こうして手に入れたラバウルを防衛するための外郭陣地を欲した日本軍は、ニュー・ブリテン島各地とソロモン諸島のツラギを占領し、東部ニューギニア一帯に飛行場を設置して堅牢な防空網を形成し、来るべきアメリカ軍の反攻に対する持久態勢を構築しようと考えた。1月29日、海軍軍令部は、この戦略方針に沿った作戦の実施を認め、3月8日に、ニューギニア南東部のラエとサラマウアの占領作戦が行なわれた。

米海軍の戦略全般を担当していたアーネスト・キング提督[訳註15]は、南太平洋方面での日本軍の勢力拡張に神経をとがらせていた。アメリカとオーストラリアの間の連絡線を断たれる可能性が高まっていたからだ。そこでキングは、この重要な海路の安全を確保するためには手段を選ばず、可能な限り早い段階で南太平洋域において反攻作戦を実施する決意を固めた。そしてラエとサラマウアが日本軍に攻略されたことを契機として、米海軍はこれ以上の日本軍の進出を妨げるために、空母2隻からなる機動部隊を南太平洋に投入するのである。このときに発生した日本軍の損害は軽微だったが、それでも、ポートモレスビーおよびツラギ方面への進出は中断した。そして4月上旬には、日本海軍自慢の機動艦隊から2個航空戦隊

が南太平洋作戦の支援に振り向けられることになった。こうしてまず、5月3日にツラギを占領したことを皮切りに、日本軍による第2段作戦が始まった。米海軍は果敢に反撃に出て、ついに史上初の空母機動部隊同士の珊瑚海海戦が発生することになった。双方とも空母1隻ずつを失う激しい戦いとなったが、この損害にも屈せず、日本軍の勢力拡大は止まらなかった。

　珊瑚海海戦の後、両軍の関心は中部太平洋へと移る。そして、アメリカ太平洋艦隊を撃滅すべく賭けに出た日本海軍は、ミッドウェー環礁の占領を図って行動を起こし、ミッドウェー海戦で正規空母4隻を喪失するという大敗を喫するのである。しかし、この想定外の大敗にもかかわらず、まだ日本海軍は全般的な優勢を握っていたと見ることができる。太平洋方面に、米海軍は正規空母4隻、戦艦7隻、重巡洋艦14隻、軽巡洋艦13隻、駆逐艦80隻を展開していたが、一方の日本海軍は正規空母4隻、軽空母3隻、戦艦12隻、重巡洋艦17隻、軽巡洋艦20隻、駆逐艦106隻を保有していたからである［訳註16］。

　ミッドウェー海戦の後、両軍の目線はまた南太平洋に戻る。6月13日、日本軍はガダルカナル島に飛行場を建設することを決定する。同島対岸のツラギ島には、すでに日本軍の水上機基地が設置されている。そして7月6日、海軍設営大隊がガダルカナル島に上陸して飛行場の建設を開始した。

　この建設工事が始まる前の段階で、アメリカ軍は先手を打つか、あるいは同島が日本軍の支配下に入るよりも早くガダルカナル島を攻略する作戦計画の立案に着手していた。キング提督は、ニミッツ太平洋艦隊司令長官にあてた6月24日の命令書において、ツラギおよび隣接諸拠点の奪回を命じている。そして7月5日には作戦計画が動き始めていて、その目標の中

訳註16：ミッドウェー海戦後の状況を考えると空母の数が合わない。隼鷹を正規空母とし、7月に竣工する飛鷹もこれに加えるなら、翔鶴、瑞鶴と合わせ、正規空母4隻となるが、この場合、軽空母が瑞鳳と龍驤の2隻となり、訓練艦として内地送りとなった鳳翔まで加えることになる。おそらくは、新編された第三艦隊において、喪失した事実を秘匿するために編制表に残されていた赤城、飛龍、鳳翔を加えて導いた数字だと考えられる。

トラック泊地で撮影された重巡鳥海。背後には大和型戦艦が確認できる。鳥海は旗艦として使用されていたこともあり、近代化改修のために本国に戻る機会を逸していた。そのため高雄型巡洋艦の初期の特徴を数多く残している。1944（昭和19）年10月、レイテ沖海戦で空襲を受けて沈没した際も、まだ12cm単装砲と八九式連装魚雷発射管を残していたのである。（呉市海事歴史科学館　大和ミュージアム）

1929年、就役直後の重巡妙高。改修前の妙高型は主砲の20cm砲の他に、副砲として12cm砲6門を搭載している。射出機の真下の中甲板には、一二式61cm固定魚雷発射管が設けられていた。（呉市海事歴史科学館　大和ミュージアム）

にガダルカナル島も含まれていたのだ。作戦準備は非常な熱意で進められ、実施部隊の編成と集結も急がれた。上陸作戦を実施する第1海兵師団は、編成されたばかりで訓練も実戦経験も不充分な部隊だったが、フランク・フレッチャー海軍中将指揮下の82隻の艦船群がガダルカナル島上陸作戦を支援する手はずになっていた。この支援艦船群は、太平洋艦隊の空母3隻が中心となる航空支援部隊と、海兵隊の上陸作戦を支援する部隊に分けられていた。

　1942年8月7日、にわか作りに加えて無計画と言う他ない状況だったにも関わらず、ガダルカナル島上陸の滑り出しは上々だった。日本軍の抵抗は軽微であり、翌8日の午後には、飛行場の占領に成功している。

　このようなアメリカ軍の最初の反攻に対して、日本軍の反応は迅速だった。上陸作戦当日の7日と、翌8日には、ラバウルを出撃した攻撃機が支援艦隊を攻撃している。この航空反撃は失敗に終わり、日本軍は手痛い打撃を受けて敗退した。しかし、すでに本格的なガダルカナル島奪回作戦が動き出していたのである。8月7日の夕方には、第八艦隊司令官の三川軍一中将が、麾下の艦隊を率いてガダルカナルに向かっていた。5隻の重巡洋艦を中核とする水上打撃部隊は、ガダルカナル島のアメリカ軍橋頭堡に艦砲射撃を加えるつもりでいたのである。

技術的特徴
TECHNICAL SPECIFICATIONS

米海軍重巡洋艦
US NAVY CRUISERS

ペンサコラ級

　ペンサコラ級重巡洋艦の建造が始まった1926年10月には、すでにワシントン海軍軍縮条約が批准されていた。ペンサコラ級は、米海軍が初めて建造に着手した条約型重巡洋艦であり、1万トン以内の基準排水量の中で、速度と装甲防御力、攻撃力をバランス良く同居させなければならなかった。結果として誕生した同級は、条約型重巡の中でもっとも貧弱な艦と見なされた。

　ペンサコラ級について最初に採り上げるべきは、強力な攻撃力である。8インチ（20.3cm）55口径の主砲は3連装砲2基、連装砲2基の合計10門が搭載されていて、3連装砲の背後に連装砲を配置する形で、艦首と艦尾にそれぞれ一基ずつ設置されている。副砲は5インチ（12.7cm）25口径単装高角砲4機を積載している。また、第2煙突周辺の主甲板上には3連装魚雷発射管2基が設置されていた。この他、カタパルト2基と水上偵察機4基を搭載していたが、格納庫はなかった。4基の蒸気タービンは10万7000馬力の出力を生み出すため、要求されていた32ノットの速力は容易に達成できた。

　ペンサコラ級の設計上の弱点は装甲防御力にある。設計案が基準排水量の上限から900トンも下回っていたことが判明すると、弾薬庫周辺を中心に装甲強化が図られたが、それでも艦全体での防御力不足は補えなかった。舷側の水線部は63～100mm厚の装甲防御が施され、最も厚い部位は前部弾薬庫だった。水平防御は25～37mmである。主砲塔の装甲も、正面装甲が63mmほどでしかない。バーベットは20mm、司令塔の装甲も30mmしかなかった。

　ガダルカナル戦役が始まるまでに、ペンサコラ級は数度の改修を受けている。顕著なのは、魚雷発射管を撤去して、12.7cm単装砲を4基追加しているところだろう。1940年にペンサコラは条約型重巡として最初となる対空索敵用CXAMレーダーを搭載している。戦争が始まると、主に対空兵装の強化が図られ、4連装28mm対空機銃4基のほか、複数の20mm単装機銃が追加された。

ペンサコラ（同型艦：ソルト・レイク・シティ）
基準排水量　　　　9,097t
満載排水量　　　　11,512t
全長　　　　　　　178.5m

ペンサコラを艦尾側方から撮影した写真。艦尾に搭載された2基の8インチ主砲塔の様子がよくわかる。艦尾側に2基の主砲塔を搭載した重巡洋艦は、ペンサコラ級だけである。また、重厚な三脚マストや煙突の間に据えつけられたカタパルトの細部も確認できる。（アメリカ海軍歴史センター）

水線長	170.1m
幅	19.9m
吃水	5.9m
速力	32.5ノット
航続距離	10000海里／15ノット時
乗員	631名（平時）

ノーサンプトン級

　ノーサンプトン級の建造に際しては、いくつかの変更が加えられたものの、基本的にはペンサコラ級を踏襲しているため、弱点も同様だった。主兵装は8インチ55口径砲で、これを3基9門搭載しているので、ペンサコラ級に比べて1門減ったことになる。副砲は5インチ25口径単装高角砲が4基

アメリカ海軍で最初と最後の条約型重巡が並んでいる場面。1943年撮影。写真に向かって左の2隻はペンサコラ級（中央がペンサコラ）で、右がニュー・オリンズである。重厚な三脚マストがあるため、ペンサコラ級はややトップヘビーな印象を与える。両級の砲塔形状の違いもはっきりと確認できるだろう。（アメリカ海軍歴史センター）

と全般に不足気味で、3連装魚雷発射管2基も残されていた。カタパルトの位置も同じで、水上偵察機の数も4機だったが、第2砲塔付近に格納庫が設けられたのは大きな改良点だった。

　主機、主缶の数も変わらなかったが、前級の缶室が前後2室だったのに対して、さらに隔壁が設けられて4区分となっている。全長が前級より長くなったほか、船首楼に向かうように乾舷も高くなっているため、凌波性も改善した。

　最大の改良点は防御力にあるだろう。装甲重量は1057トンも増加したため、水線防御は通常76㎜、弾薬庫周辺で95㎜となった。水平防御は弾薬庫周辺で50㎜、それ以外の枢要部は25㎜となる。砲塔も正面装甲が63㎜、天蓋が50㎜となった。砲塔バーベットも37㎜に強化されたが、司令塔の装甲は30㎜（側盾）のまま残された。

　だが、戦前の改修で魚雷発射管は撤去されている。戦間期に重ねられた検討の中では、巡洋艦に搭載された魚雷発射管はほとんど戦術的には寄与せず、むしろむき出しの魚雷に敵弾が命中して引き起こされる誘爆事故への懸念が強くなっていたからだ。

　1938年から39年にかけての改修では、5インチ単装高も4門から8門へと倍増している。これは敵駆逐艦への対処を主眼としたものであり、同時に対空防御力の強化も兼ねていた。対空兵装の強化はさらに徹底していて、Mark.19対空射撃指揮装置を導入し、12.7㎜対空機銃も8挺追加されている。そして戦争が始まると、4連装28㎜対空機銃4基や、複数の20㎜単装機銃などの対空兵装が追加された。

ノーサンプトン級

（同型艦：チェスター、ルイヴィル、シカゴ、ヒューストン、オーガスタ）

基準排水量	9,006t
満載排水量	11,420t

1940年に撮影されたノーサンプトン級重巡洋艦シカゴ。甲板上の構造物配置はペンサコラ級と類似しているものの、主砲塔が4基から3基になっている点が大きな違いである。（アメリカ海軍歴史センター）

全長	183m
水線長	174.3m
幅	20.1m
吃水	5.0m
速力	32.5ノット
航続距離	10000海里／15ノット時
乗員	617名（平時）

ポートランド級

　ポートランド級は、ノーサンプトン級の改良型として設計されたと同時に、ニュー・オーリンズ級への橋渡しとなる過渡期の重巡洋艦である。条約型重巡の制限を意識しすぎて生じてしまった前級までの重量不足は、完全に解消している。追加重量分は装甲強化に当てられたため、水線装甲の厚さは弾薬庫周辺で145mm、他の部位でも76mmと増加していた。水平防御と砲塔正面は63mmで、バーベットは37mmである。主機および主缶、主砲搭載数と配置、航空兵装などはノーサンプトン級と同等であり、同様に、艦隊旗艦機能も備わっていた。実際、重巡インディアナポリスは戦争の大半を通じて、旗艦として活躍している。

　ポートランド級は最初から魚雷発射管を搭載しておらず、5インチ25口径単装高角砲を8基備えていた。したがって、ガダルカナル戦役が始まる前に改修を受けたのは、対空兵装のみである。1942年1月に実用化された4連装28mm対空機銃4基とともに、20基の20mm対空機銃が搭載されたのである。

ポートランド級（同型艦：インディアナポリス）

基準排水量	10,258t
満載排水量	12,775t

1933年2月に竣工した重巡ポートランド。撮影は1935年8月。ノーサンプトン級から大きな変更は加えられていないが、トップヘビーを解消するために短縮された三脚マストの様子がはっきり確認できる。（アメリカ海軍歴史センター）

全長	186m
水線長	177.4m
幅	20.1m
吃水	6.3m
速力	32.5ノット
航続距離	10000海里／15ノット時
乗員	807名（平時）

ニュー・オーリンズ級

　1931年から1937年にかけて、米海軍は7隻のニュー・オーリンズ級重巡洋艦を建造した。この級は、第2次世界大戦前に建造されたアメリカの重巡洋艦としてはもっとも洗練されていただけでなく、当時、列強が保有していた条約型重巡と比べても、まったく遜色がなかった。ポートランド級の建造経験が優れた性能の多くに反映されている。攻撃力、防御力、速度の三要素が高い水準で融合しているのが特徴で、とりわけ防御力に秀でていることは評価に値する。

　初期の条約型重巡設計で発覚した重量不足の経験に加えて、全長を短くすることで浮いた重量分を、ニュー・オーリンズ級ではすべて防御力の強化に割り当てていた。結果、排水量の実に15%に相当する重量が防御装甲となっていて、これはペンサコラ級の5.6%、ノーサンプトン級、ポートランド級の6%と比べても飛躍的な防御力向上に結びついた。これらの措置によって、8インチ砲弾の直撃にも耐えられるのではと期待されたが、

1936年撮影。改修中の重巡タスカルーサ（左）とシカゴ（右）。ニュー・オーリンズ級とノーサンプトン級の違いは一目瞭然である。特に三脚マストの形状と、シカゴの古めかしい砲塔が目をひく。（アメリカ海軍歴史センター）

これはさすがに不可能であることが判明した。しかし、水線防御は100〜145㎜の装甲が施され、水平防御も弾薬庫付近で57㎜、それ以外の部位では28㎜となった。

主兵装は3基9門の8インチ55口径砲で変更はない。しかし、初めて完全装甲式の砲塔が採用された。砲塔の装甲は、正面が200㎜、天蓋が57㎜で、側面は37㎜となっていた。バーベットも127㎜と大幅に強化されていたが、サンフランシスコとタスカルーサは砲塔の重量を軽減して、代わりにバーベットを152㎜厚にしている。以上の防御力強化によって、基準排水量は条約規定ギリギリまで達したため、同級最後の2隻であるクインシーとヴィンセンズのバーベットは140㎜に変更となった。したがって、合計7隻のニュー・オーリンズ級には、3つのサブタイプが存在することになる。

副砲の5インチ25口径単装高角砲の数は8基のままだったが、砲弾供給の利便性を考慮して、それぞれの配置位置は近づけられていた。魚雷発射管は最初から搭載されていない。2基のカタパルトと水上偵察機4機の航空兵装は第2煙突の後ろ、艦尾側に設置されていた。1942年4月までに、ニュー・オーリンズ級全艦に4連装28㎜対空機銃4基と20㎜対空機銃（通常は12挺）が装備された。

ブルックリン級／セント・ルイス級

1935年3月に建造が始まるまで、ブルックリン級軽巡洋艦については、条約に規定された6インチ砲搭載艦としての方向性を巡り、熟慮が重ねられた。結果として、速度と航続距離については条約型巡洋艦と同等の能力

1939年3月、太平洋艦隊の一員として砲撃訓練中の重巡ミネアポリス。第2煙突後方のカタパルトと、水上偵察機4基を収容できる格納庫の形状がよくわかる。（アメリカ海軍歴史センター）

を発揮し、かつ防御力についても同等の性能を要求することになった。つまり従来の条約型巡洋艦との大きな違いは、1930年のロンドン海軍軍縮協定によって、主砲口径が6インチに抑えられただけである。条約に対応して、日本海軍は15.5cm砲15門搭載の最上型軽巡洋艦の建造に向けて動き出したため、アメリカでもブルックリン級に同等の兵装を施すことを決めたのである。砲塔は3連装5基であり、第2と第4砲塔が背負式配置になっていた。副砲の5インチ25口径単装高角砲は8基搭載している。しかし、セント・ルイスとヘレナの2隻は、5インチ38口径連装両用砲を4基搭載していた。この2隻は防御力改善を目的として、暫定的な改修を施されているために、ブルックリン級と区別して、セント・ルイス級と呼ばれている。2基のカタパルトは艦尾に移され、4機の水上偵察機は艦内格納庫に収用されるなど、両級の航空兵装は従来の巡洋艦に比べて大きく変化している。

　装甲防御重量は排水量の15％に達し、水線防御の装甲厚は最大143mmに達する。水平防御は50mm、バーベットは152mmである。砲塔の装甲は、正面が165mmで、天蓋は50mm、司令塔の装甲は127mmであった。

ブルックリン級（同型艦：フィラデルフィア、サヴァンナ、ナッシュヴィル、フィーニクス、ボイシ、ホノルル、セント・ルイス、ヘレナ）

基準排水量	9,767t
満載排水量	12,207t
全長	185.4m
水線長	182.9m
幅	18.8m
吃水	6.6m
速力	32.5ノット
航続距離	10000海里／15ノット時
乗員	868名（平時）

船尾側から見た軽巡ブルックリン。航空兵装がはっきり確認できる。2基のカタパルトとクレーンの他、主甲板下の艦内格納庫には最大4機の水上偵察機が収容できる。航空兵装の配置は、前級に比べて明らかに優れており、後のアメリカ軽巡洋艦にも踏襲された。（アメリカ海軍歴史センター）

日本海軍重巡洋艦
IMPERIAL NAVY CRUISERS

古鷹型／青葉型

　日本海軍最初の重巡洋艦である古鷹型（古鷹、加古）の特徴は、強力な攻撃力に尽きる。就役した両艦は、艦の中心線に沿って6基の50口径三年式20cm単装砲を搭載した姿を見せていた。さらにこの主兵装をバックアップするのは一二式61cm固定魚雷発射管6基（12門）であり、さらに再装塡用に予備魚雷12本を用意していた [訳註17]。この他、副砲として40口径8cm単装砲4基を搭載している。

　青葉型（青葉、衣笠）は、大幅な変更を加えられて完成した。古鷹型とは異なり、主砲には50口径三年式20cm連装砲を3基、副砲には45口径12cm単装高角砲4基を搭載している。さらに射出機（カタパルト）が追加された結果、後部煙突周辺の艦上構造物の設計も変更された [訳註18]。煙突の高さと艦橋も改良されている。

　装甲防御面を見ると、古鷹、青葉とも水線防御が76mmと乏しく、これでは20cm砲弾には耐えられないが、それでも長距離からの15cm砲弾には耐えると期待されていた。甲板の装甲厚は36mmで、砲塔は正面が25mm、天蓋は20mmほどである。司令塔には装甲は施されていなかった。

　さすがに最古参の重巡洋艦と言うこともあって、開戦前にどちらも大規模改修を受けている。そして戦争が始まった時には、これら4隻は本質的に同型艦となっていた。古鷹と加古は2度にわたる大改修の結果、20cm 50口径連装砲3基と45口径12cm単装高角砲4基を搭載するだけでなく、射出機1基と水上偵察機2機の航空兵装を施した他、連装25mm対空機銃4挺と、連装13mm対空機銃2挺を搭載していた。魚雷発射管は固定式を廃して61cm 4連装魚雷発射管2基 [訳註19] に変更されている。主機主缶もオーバーホールされ、復元性を高めるために、船体にはバルジを設けた。青葉型も同様の改修を受けてはいるが、主機主缶には手を加えられていない。

古鷹型（同型艦：加古）
基準排水量　　　　7,950t

訳註17：古鷹型、青葉型設計時の海軍の主力魚雷は、雷速38ノット、射程1万mの八年式魚雷であったが、巡洋艦の上甲板から発射した場合の衝撃に耐える強度がなかったため、中甲板に一二式61cm固定発射管を据えている。しかし、荒天時の発射が難しい上に、命中率も悪かったため、現場での評価は低かった。

訳註18：青葉型は当初から射出機（カタパルト）を搭載していて、青葉は火薬式の呉式二号一型射出機、衣笠は圧縮空気式の呉式一号一型射出機を装備していた。前級の古鷹型は、射出機が実用化されるまでのつなぎとして、滑走台を装備していたが、1936（昭和11）年以降、順次実施された近代化改修で、火薬式射出機に換装されている。

訳註19：九三式酸素魚雷が実用化されると、中甲板に装備された一二式61cm固定発射管は廃止され、後部煙突から航空兵装区画にかけての上部甲板上に九二式4連装発射管と次発装塡装置を2基8門装備することになった。

1927年に竣工した重巡衣笠。主砲は3基の20cm連装砲で、他に一二式61cm連装魚雷発射管を6基12門備えている。戦前の改修の結果、主砲口径は20.3cmに変更、魚雷発射管は九二式4連装発射管2基となり、射出機は艦尾側に移された。1942年11月14日、空母エンタープライズの艦載機による攻撃で、衣笠は沈没した。（呉市海事歴史科学館大和ミュージアム）

ニュー・オーリンズ級重巡洋艦
サンフランシスコ
（同型艦：アストリア、ミネアポリス、タスカルーサ、ニュー・オーリンズ、クインシー、ヴィンセンズ）

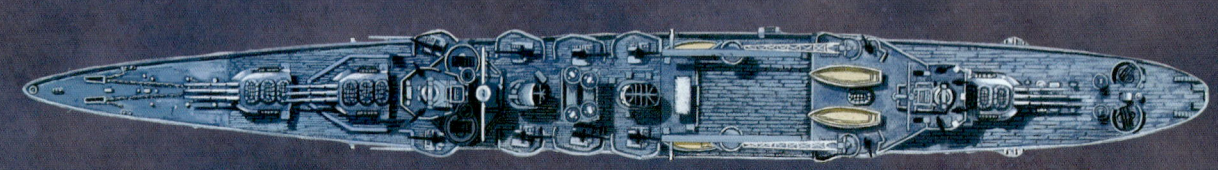

重巡サンフランシスコはサボ島沖海戦に参加したニュー・オーリンズ級重巡洋艦であるが、この海戦には他にも同級の重巡が参加している。ニュー・オーリンズ級は、アメリカ海軍最良の条約型重巡であった。

基準排水量　10,136t
満載排水量　12,493t
全長　179.3m
水線長　175m
幅　18.8m
吃水　6.8m
速力　32.7ノット
航続距離　10000海里／15ノット時
乗員　868名（平時）

アメリカ海軍巡洋艦の兵装

1. ニュー・オーリンズ級に搭載された8インチ55口径3連装砲塔（Mk.14）。各砲の射撃速度は3〜4発／分でしかなく、後に夜戦では能力不足であると判断された。砲弾の重量は約151.7kg、最大射程距離は砲身角41度で27,500mである。
2. ブルックリン級に採用された8インチ47口径3連装砲塔（Mk.16）。半分離式砲弾を採用し、砲弾重量は約59kg。最大射程距離は砲身角47.5度で約24,000m、射撃速度は10発／分である。
3. 5インチ25口径単装高角砲は、開戦前のアメリカ軍巡洋艦にとって標準的な副砲だった。対艦攻撃で使用する砲弾の重量は約29.3kg、最大射程は13,250mである。

満載排水量	9,540t
全長	176.8m
幅	15.8m
吃水	5.6m
速力	34.5ノット
航続距離	7,000海里／14ノット時
乗員	616名

青葉型（同型艦：衣笠）

基準排水量	8,300t
満載排水量	9,042t
全長	177.5m
幅	15.8m
吃水	5.7m
速力	34.5ノット
航続距離	7,000海里／14ノット時
乗員	632名

妙高型

　妙高型重巡のネームシップ「妙高」の建造が始まったのは1924年（大正13年）だが、完成は2番艦の那智の方が1928年（昭和3年）11月で少しだけ早かった。妙高型4隻が揃ったのは1929（昭和4）年4月である。就役当初、妙高型は世界で最も強力な重巡洋艦だった。主砲は50口径三年式20cm連装砲5基（艦首に3基、艦尾に2基）、副砲は45口径12cm単装高角砲6基である。水雷兵装としては、一二式61cm固定3連装魚雷発射管4基が船体後部に設置されていた。予備魚雷は通常12本だが、最大24本を積載していれば、合計36本の魚雷発射能力があった。後部煙突の後方には射出機1基と水上偵察機2機が搭載された。

大改装後の重巡加古。昭和16年、空中から撮影。艦尾の連装20.3cm砲および12cm単装高角砲、4連装魚雷発射管2基などがはっきり見える。魚雷発射管の前方にある箱状の装置は、次発装塡装置である。加古の戦歴は短かったが、グアム、ウェーク島の占領、珊瑚海海戦を含む南太平洋攻略の支援など様々な作戦に参加し、戦歴は華やかだった。第1次ソロモン海戦から帰途についた1942年8月10日、潜水艦S-44からの雷撃を受けて沈没した。（呉市海事歴史科学館　大和ミュージアム）

訳註20：妙高型は50口径三年式20cm連装砲を搭載していたが、これは条約型巡洋艦に認められ、他国が搭載していた8インチ（20.3cm）砲に比べて、威力、性能で劣っていた。そして後継の高雄型では20.3cm砲（50口径三年式二号20cm砲）を搭載することになったため、砲弾供給の簡素化も考慮して砲口径を統一することになった。しかし、新たな砲身の生産が間に合わないため、砲身の内腔をボーリングで拡張し、さらに新型砲弾の九一式徹甲弾を搭載できるように、弾火薬庫と揚弾機の改良工事が行なわれた。

訳註21：1933（昭和8）年から順次実施された妙高型の改修工事で、固定発射管は廃止され、九〇式魚雷を発射可能な九二式61cm4連装発射管2基8門を搭載した。さらに九三式酸素魚雷の正式化された後には、既存の発射管の前に同じく九二式4連装発射管を1基ずつ追加搭載して、4基16門と雷装を大幅に強化している。

防御については全面的に考慮されている。水線防御は缶室や弾薬庫など主要部が充分カバーされていて、装甲厚は102mmあったほか、12度の傾斜が付けられていた。またバルジを設けているので水中防御力も向上している。甲板装甲のうち機関部と弾薬庫の直上は36mm、その他の部分は12～25mmの厚さとなっている。砲塔の装甲はどの面も25mmしかないために、むしろ砲室と言った方が実態に近い。バーベットの装甲厚は75mmだった。

1934年（昭和9年）から翌年にかけて、妙高型4隻はすべて改修工事を受けた。砲口径は20.3mmに拡張された他 [訳註20]、魚雷発射管は中甲板固定式を廃して、4連装発射管2基 [訳註21] となり、8発の予備魚雷を搭載していた。また、12cm高角砲6基を廃して、代わりに12.7cm40口径連装高角砲4基に換装している。航空兵装も改修を受け、より高い位置に再設置された。この結果、射出機は2基に増加し、搭載機も4機に増えたが、このうち3機は露天駐機するしかなかった。復元力を維持するためにバルジも延長されている。また、対空兵装も25mm連装対空機銃を4挺追加して、若干ではあるが強化されている。

妙高（同型艦：那智、羽黒、足柄）

基準排水量	11,300t
満載排水量	13,300t
全長	192.4m
幅	19.0m
吃水	5.9m
速力	35.5ノット
航続距離	7,000海里／14ノット時
乗員	792名

写真の那智からは改装後の妙高型の特徴、特に12.7cm連装高角砲と射出機2基の様子がはっきりと見て取れる。1944年11月5日、マニラ湾で空母レキシントン艦載機による空襲を受けて沈没した。（呉市海事歴史科学館　大和ミュージアム）

高雄型

1927（昭和2）年から翌年にかけて高雄型重巡洋艦の建造が始まり、1932（昭和7）年に4隻が揃った。高雄型は設計段階から条約の規定を違

日本海軍巡洋艦の兵装

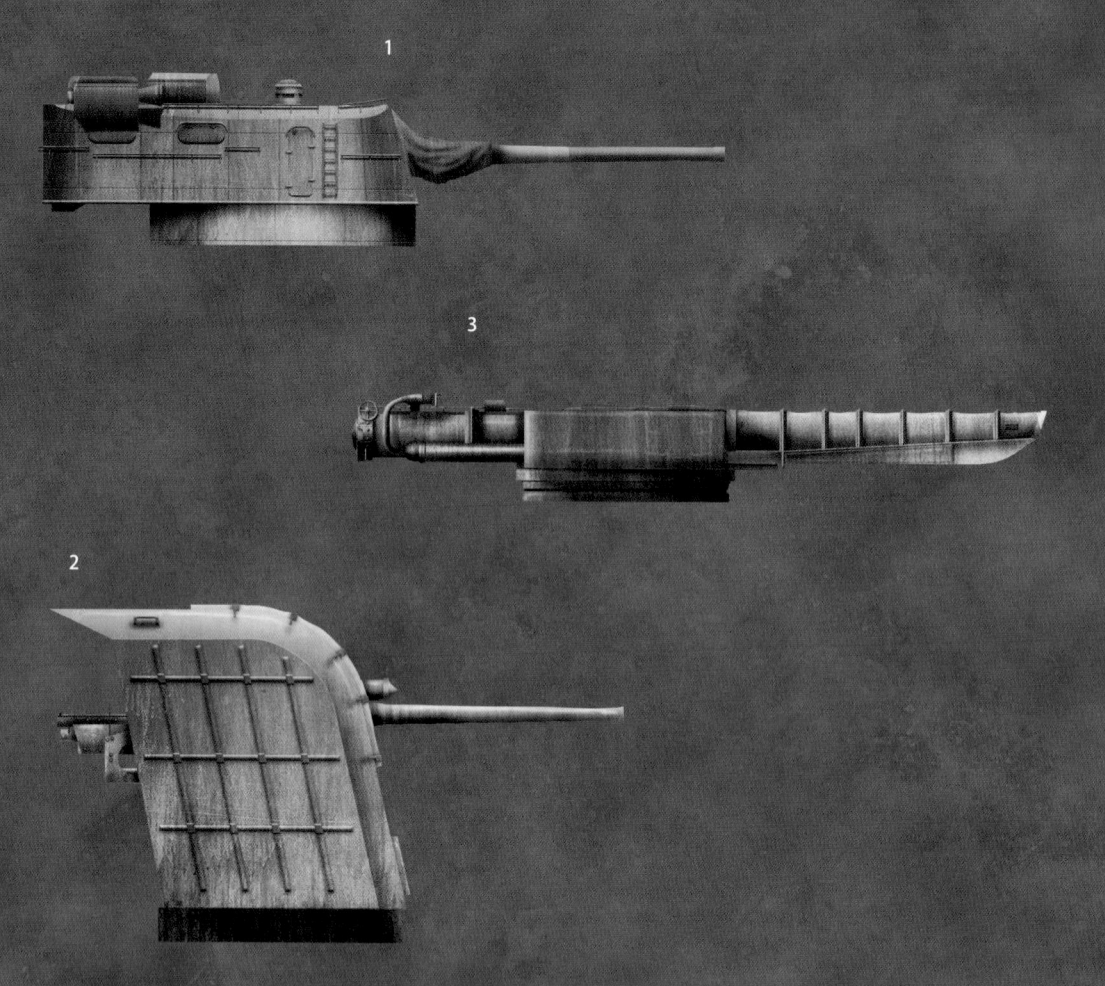

1.古鷹型と青葉型に搭載された50口径三年式二号連装砲。射撃速度は最高4～5発／分（通常は2～3発／分）であり、最大射程は砲身角45度で28,900mである。
2.保有重巡洋艦18隻のうち13隻が、この八九式40口径12.7cm高角砲を搭載している。最大射程は14,600m、最高射撃速度は14発／分（通常は8発／分）である。
3.アメリカの重巡洋艦を火力で圧倒するために、日本の重巡洋艦はすべて強力な雷装を持っていた。搭載していた魚雷発射管は、3連装ないし4連装（イラスト）で、九三式61cm酸素魚雷、通称「ロングランス」を装塡していた。秘匿性に長けたこの高速、長射程魚雷は太平洋戦争で使用された最強の魚雷だった。弾頭重量は490kg、航続距離は36～38ノットで約4万mである。

開戦直後に撮影された重巡足柄。大戦中、重巡搭載の水偵として活躍した零式水上偵察機が印象的。戦争を通じ、足柄は後方で使われることが多かったが、1945年6月7日、シンガポールに向かう途中のバンカ水道でイギリス潜水艦からの雷撃を受けて沈没した。（呉市海事歴史科学館　大和ミュージアム）

訳註22：高雄型の1番砲塔と5番砲塔間の間隔は、妙高型より1.5mほど短い。妙高型では主砲散布界が大きい欠点があり、その原因が主砲同士の間隔が長いために生じる射撃時のヒズミであると考えられたための対処である。また、これにより主要防御区画を小さくできる利点もあった。

訳註23：12cm単装高角砲が2基減少したこともあり、主砲に対空射撃能力を持たせたが、最低でも秒速10度は欲しい旋回速度が4度しかなく、また仰角5度の固定装塡だったために、高仰角での射撃は1分あたり3発が限度で、使い物にはならなかった。

反していたものの、条約型重巡としてはもっともバランスが取れ、優れた戦闘力を持つ艦である。妙高型の延長に位置する艦であるため、主砲口径や砲門数、配置などはほぼ踏襲されている [訳註22]。しかし、主砲は仰角を70度まで増大させて、対空砲としても使用できるようになっていたが、これは後に期待していたほど効果がないことが明らかになる [訳註23]。副砲の45口径12cm単装高角砲は4基しか搭載していない。水雷兵装は連装魚雷発射管が4基搭載されていた。予備の魚雷搭載数は16発で、再送点速度を短縮するために猛訓練が行なわれていた。

水線防御は127mmで、テーパーがかけられながら艦底に向かっても38mmの装甲が施されるなど、全体的に強化されている。甲板の装甲厚は弾薬庫付近で34mm、上甲板は12〜25mmとなっている。司令塔も装甲が施され、砲塔も25mmの装甲に覆われていた。

開戦前に、高雄型は近代化改修を受けている。特に高雄と愛宕の改修は徹底していて、雷装は新型次発装塡装置付きの九二式4連装発射管4基に強化された。射出機も新型となり、6挺の25mm連装機銃が積み増しされている。また、この2隻は艦橋構造物も小型化されたために、見た目で区別しやすくなった。さらに、開戦直後にも、高雄と愛宕は副砲の12cm単装高角砲が12.7cm連装高角砲4基に換装されている。残る2隻、鳥海と摩耶は1941年（昭和16年）初頭に限定的ながら近代化改修工事を施されている。内容は九三式酸素魚雷が発射可能になったことと、新型射出機への換装、そして対空兵装の強化である。鳥海は雷装強化と副砲の換装を受ける前に戦没し、摩耶の改修は1944年（昭和19年）まで行なわれなかった。

トップウェイトを改善するために、高雄型の特徴だった巨大な艦橋構造物は1937（昭和12）年から翌年にかけての近代化改修で小型化された。この時、雷装は九二式4連装発射管4基に強化変更されたが、そのうち2基は写真で確認できる。写真ではまだ12cm単装高角砲が残っているが、12.7cm連装高角砲に換装されるのは1942（昭和17）年になってからの事である。（呉市海事歴史科学館　大和ミュージアム）

最上型

　最上型はロンドン海軍軍縮条約の下で建造された初めての巡洋艦で、15.5cm 60口径3連装砲を5基と、九〇式61cm 3連装水上魚雷発射管4基（予備魚雷と合わせて24発）を搭載した軽巡洋艦である。弾薬庫周辺の装甲は20cm砲の直撃に、また機関部も15cm砲の直撃にそれぞれ耐えられるように考慮されていた。当然、このような要求を8500トン級の船体にまとめるのは不可能である。そのため再設計と船体強度の改善を繰り返した結果、最上型は最終的に、極めて強力な艦として誕生した。主砲は50口径三年式二号20cm連装砲5基（艦首3基、艦尾2基）に換装された。副砲には12.7cm 40口径連装高角砲が4基搭載された他、25mm連装機銃4挺も加えられている。航空兵装は射出機2基と水上偵察機3機である。

　重巡洋艦と同等の防御力が求められたため、装甲は強力である。水線防御は、機関部周辺で100mm、弾薬庫周辺では140mmに達していた。水線装甲の上端と甲板装甲は密着していて、その甲板装甲は35〜60mmとなって

重巡鳥海。艦橋構造物の他、方位盤照準装置や測距儀、連装魚雷発射管、12cm単装高角砲がはっきりと確認できる。

開戦直前、近代化改修を終えた直後の重巡摩耶。巨大な艦橋構造や連装魚雷発射管、12cm単装高角砲はそのまま残されている。1943年、空母艦載機からの攻撃を受けた同艦は、40口径12.7cm連装高角砲6基を搭載した防空巡洋艦に衣替えした。しかし、1944年（昭和19年）10月のレイテ沖海戦で、潜水艦の雷撃で撃沈されている。（呉市海事歴史科学館　大和ミュージアム）

いた。バーベットは75〜100mmである。

最上（同型艦：三隈、鈴谷、熊野）

基準排水量	8,500t（設計時）
満載排水量	11,192t
全長	189.0m
幅	18.2m
吃水	5.5m
速力	36.5ノット
航続距離	8,000海里／14ノット時
乗員	930名

利根型

　2隻の利根型巡洋艦（利根、筑摩）は航空巡洋艦として設計された。50口径三年式二号20cm連装砲4基はすべて艦首に集中配置となっていて、副砲の12.7cm40口径連装高角砲は4基設置された。雷装は九〇式61cm 3連装魚雷発射管が4基とあいかわらず強力で、すべて航空兵装箇所に据えられていた。後甲板は駐機スペースとなっていて、水上偵察機5機と射出機2基が置かれていた。装甲防御は最上と同様だが、艦内配置は異なっている。

利根（同型艦：筑摩）

基準排水量	11,213t
満載排水量	15,200t
全長	189.1m
幅	19.4m

高雄型重巡洋艦
鳥海
(同型艦:高雄、愛宕、摩耶)

1942(昭和17)年時点の姿。第1次ソロモン海戦の際には日本艦隊の旗艦として戦ったときには、高雄型独特の艦橋が威容を誇っていた。

基準排水量　11,350t
満載排水量　15,490t
全長　192.5m
幅　19.0m
吃水　6.1m
速力　35.5ノット
航続距離　8,000海里／14ノット時
乗員　760名

1938年1月撮影、改修を終えた直後の最上。まだ15.5cm3連装砲を搭載しているが、開戦前に主砲はすべて20.3cm連装砲に換装された。（呉市海事歴史科学館　大和ミュージアム）

吃水	6.2m
速力	35.0ノット
航続距離	8,000海里／18ノット時
乗員	874名

乗組員
THE COMBATANTS

米海軍：巡洋艦乗組員
US NAVY CRUISER CREWS

　艦隊勤務とはすなわち重労働に順応することだが、戦時ともなればこれに恐怖と昂揚の感情が加えられる。巡洋艦の乗組員は比較的小所帯で、同じ乗組員が何年ものあいだ同じ船に勤務することも多いので、互いの絆は自然と強く結ばれるようになる。戦艦とは違って、泊地での戦闘訓練よりも、実地訓練が重視される傾向にある巡洋艦乗組員は、外洋での任務が多く、海の男としての嗅覚は自然と研ぎ澄まされていた。

　巡洋艦の第一の役割は、敵艦への砲撃である。したがって、砲術訓練は乗組員の日課の中心となっている。ある退役士官は、巡洋艦における5インチ25口径砲担当砲手の日常を、次のように描写している。

　（仰角を合わせる）照準手は、電気式照準器がはじき出す信号や、時には肉眼で判断して、砲の仰角を調整する。旋回手も同じ手順で、水平方向の照準を調整する。その間に、調停手は照準器や砲台長の指示にしたがって、信管の秒時調整をする。給弾手は（砲弾が入れられている）ケースの縁から安全ワイヤーを剥がして、中から砲弾を取りだし、これを装薬手に手渡す。装薬手は、受け取った砲弾の先端を下に向けながら、装薬がセットされた3種類の金属薬莢のうち適切なひとつにセットする。装填手は金属薬莢と組み合わせた砲弾を、砲の薬室の下部にある装填トレーに置く。砲台長がレバーを押し込むと、砲弾は圧搾空気で装弾され、砲尾が自動的に閉鎖する。これで射撃準備完了である。射撃が済むと、砲は後座して、空になった薬莢が排出される。この間に、装弾手たちは同じ動作を終えていて、装填手は新たな砲弾をトレーに据えている。この間の動作は驚くほど素早く、よどみない。しばらくの間なら、一分当たり20発の装填作業を終えることができたほどだ。砲術科に割り当てられた兵員の訓練はうんざりするほど繰り返され、チーム一体として人間離れした完璧さを求められていた。

　巡洋艦乗組員は、艦の主要機能を司る八つの科、つまり、砲術科、通信科、航海科、機関科、医務科、工作科、主計科、飛行科のいずれかに配属された。各科はさらに要求される任務に特化した分隊に分けられている。艦の乗組員は、戦闘配置中は総員配置となる。加えて、大半の乗組員は、通常の割り当て任務の他に、見張りにも着かねばならない。睡眠は貴重な安ら

1942年初頭、重巡アストリアの5インチ25口径高角砲と砲術兵たち。古めかしい第一次世界大戦当時のヘルメットを着用しているのに注目。この高角砲は、対空射撃にも対艦攻撃にも用いることができた。(アメリカ海軍歴史センター)

ぎであり、とりわけ戦闘配置中ともなれば、総員配置の時間も長引くわけだから、そのありがたみをより一層かみしめることになっただろう。

　太平洋戦争を目前に控えた米海軍は、技術および作戦指揮の両面に優れた多数の士官を有していた。長年の訓練によって彼らは頑強な敢闘精神を持ち、実際に戦争が起こってからも、彼らは変化に対応しながら、その実力を証明していた。士官の多くはメリーランド州アナポリスの海軍兵学校出身者である。しかし、戦間期は第一次世界大戦時からの残留組もいるし、1925年になると海軍では予備仕官訓練過程からも士官を募っていた。開戦前の指揮官クラス（巡洋艦艦長を含む）は全員、海軍兵学校卒業者だったが、海軍兵学校が普通の大学と同じ教育機関として認められたのは、1933年になってからである。海軍兵学校での4年間は厳しく、大学レベルの教育の他に、リーダーシップの育成と訓練にも重点が置かれていた。

　卒業生はまず海軍少尉として任官し、艦隊勤務を命じられる。この期間に、若き士官は軍艦における戦闘と作戦任務がどのようなものであるか、すべて学び取らなければならない。潜水艦や航空隊に配属されるとしても、この艦隊勤務は必須である。士官としての残りの人生は競争の日々であり、あらゆる階級において、士官は選別にさらされる。昇進検討委員会は士官の勤務記録を確認し、昇進に値するかどうかを決定する。そして委員会から昇進に値しないと見なされれば、海軍から解雇されるか引退を強いられる。特に将来を嘱望された士官に対しては、ロードアイランド州ニューポ

ノーマン・スコット海軍少将〔1889-1942〕
REAR ADMIRAL NORMAN SCOTT

　太平洋戦争での水上打撃部隊同士の海戦で、初めて日本艦隊を破ったのがノーマン・スコット海軍少将である。海軍での英雄誕生を渇望していたアメリカにとって、彼の勝利はまさに僥倖だった。

　インディアナ州の州都インディアナポリス出身のノーマン・スコットは、1907年にアナポリスの海軍兵学校に入学。少尉任官後は戦艦アイダホで経験を積んだ後、駆逐艦隊に配属された。1917年、ドイツ軍のUボートによって乗艦が撃沈されたが、この時スコットは、的確な事後処理を称賛されている。この後は政務に入り、一時はウィルソン大統領のスタッフにもなっている。戦後は哨戒艇部隊の指揮官となり、1920年代に入ると駆逐艦、そして戦艦ニューヨークで勤務した。1924年から1930年にかけては、艦隊付きの参謀や海軍兵学校の教官を勤め、その後は2隻の駆逐艦で艦長になった。一時、海軍省に出向後、海軍戦争大学のシニアコースに進んだ。1937年から1939年にかけては海軍ブラジル派遣艦隊の幹部士官として軽巡洋艦シンシナティに籍を置いている。海軍大佐に昇進後は、真珠湾奇襲の直後まで重巡洋艦ペンサコラの艦長となっていた。

　1942年に入ると、スコットはキング提督の幕僚に任命され、少将に昇進した5月には、かねてから希望していた太平洋での艦隊勤務に携わることになる。ガダルカナル戦役においては、最初の3ヶ月のあいだ、水上任務部隊を指揮しているが、目立った活躍は見られなかった。第1次ソロモン海戦では、第62.4任務グループを指揮していたが、作戦海域の最東部で輸送艦隊護衛についていたために、海戦には参加できなかった。第2次ソロモン海戦では、空母ワスプの直衛についていたが、ワスプが燃料補給のために離脱している間に海戦は終了している。しかし、10月11日から翌日にかけての夜戦で、ついにスコットはチャンスをたぐり寄せた。巡洋艦4隻、駆逐艦5隻からなる水上打撃部隊の司令官として、スコットは日本海軍が制海権を握るガダルカナル島北部、サボ島周辺の水道において、夜戦を挑んだのである。結果は、決定的とは言えないまでも、アメリカの勝利で終わった。駆逐艦1隻を失った代わりに、日本に対しては重巡と駆逐艦1隻ずつの撃沈損害を与え、アメリカ海軍は自信を回復した。このサボ島沖海戦におけるスコットの作

大佐時代のノーマン・スコット（アメリカ海軍歴史センター）

ートにある海軍戦争大学への進学が認められた。戦間期における海軍戦争大学は海軍の最先端教育に触れる場であっただけでなく、将官への出世の鍵でもあった。ここで学生は、時に図上演習を交えながら、戦術、戦略について幅広く学ぶ。巡洋艦の運用教則もここで練られていた。

　開戦前、米海軍の兵員に対する訓練と教育のレベルは非常に高かった。海軍が徴兵をするようになったのは1942年12月になってからで、開戦時の巡洋艦乗組員はすべて志願兵であり、その多くが長い間、同じ艦で任務に就いていた。

　海軍に勤務する兵員の動機は、かなりの程度、士官のそれと一致している。海軍に勤務すれば、世界各地へ見聞を広げ、他では体験できないような冒険があり、なにより大恐慌の時代でも衣食住と給料が保証されていた。1930年代、教育（高等学校卒業の資格）を受けた多くの男達が、海軍で

戦指揮は、完璧にはほど遠かったが、対峙した五藤司令よりもミスが少なかったことにより、日本海軍が自家薬籠中のものとしていた夜戦で勝利できたのだ。スコットはあらゆる可能性に備えて艦隊に準備をさせ、戦闘に際しては明確な作戦方針を定めていた。何にも増して、彼は戦闘に積極的であり、例え不利な状況であっても戦闘の機会を逃すまいという姿勢を崩さなかった点が優れていた。

　11月になると、ガダルカナル周辺海域での水上任務部隊はダニエル・キャラハン少将の指揮に委ねられた。すでにスコットが同海域で6ヶ月の作戦任務に従事する経験を持ち、サボ島沖海戦で実績を挙げていたにもかかわらず、ターナー海軍中将がこの海域では新任となるキャラガンを推したのは、彼がスコットよりも15年先輩だったためと考えられている。年功序列は、アメリカ海軍でも見られたのである。キャラハンの次席指揮官となったスコットは、11月13日に発生した第3次ソロモン海戦の夜戦で、自身の戦隊旗艦である軽巡アトランタが砲雷撃で撃沈された際に、艦と運命を共にした。10月から11月にかけて発揮した功績に対して、スコットは名誉勲章を死後受勲した。感状には次のように書かれている。

　1942年10月11日から12日にかけてのサボ島沖夜戦、および11月12日から13日にかけての第3次ソロモン海戦において敵日本艦隊に対して発揮した、義務の要求を超えた傑出した勇気と、剛胆な指揮に感謝して、この名誉勲章を授与する。最初の戦いにおいて、ガダルカナル島に展開せし友軍拠点および上陸準備中の増援部隊を急襲せんとする敵日本軍水上部隊を迎撃、勇敢なる技量と卓越した指揮能力を持って麾下艦隊を勝利に導き、敵艦8隻を撃沈破し、その作戦意図をくじく功績を挙げた。1ヶ月後、執拗に同海域の奪回を企てる敵艦隊に対し、不利な状況をものともせずに接近戦に投じ、圧倒的な敵の火力の前に壮烈な戦死を遂げた。どちらの海戦においても、彼の不退転の決意と指揮統制能力、そして危機的状況に際しての賢明な判断力が、時に日本軍の作戦意図をくじき、その恐るべき攻勢に重大な支障をもたらす結果を生み出した。彼は勇敢に、祖国に対してその命を捧げたのである。

の勤務を望む姿が国中で見られた。そして採用されると、まず12週間の基礎訓練を受けた。これが終わると、見習い兵員は初めて艦に送られ、そこで実地訓練を受けることになる。戦争が始まる前、彼らの約半数は「立派な男」と評するに値する男達だった。ひとたび技術を習得し、信頼関係や指揮能力などで評価された兵員は、上等兵や下士官へと昇進する機会を得た。そして、長年の勤務の中で優れた技量や指揮能力を発揮した下士官は、上級下士官へと昇進するが、彼らこそが艦を運営する上での背骨とも言える存在である。兵籍に留まった兵員は、航海局が発効していた手引き書を使った試験を受けて、昇進を目指した。

　艦隊勤務は生やさしくはないが、決して残酷なものではない。兵員には彼ら自身の区画が割り当てられていたし、士官や上級下士官には、専用の食堂が用意されていた。1930年代後半までに、カフェテリア形式の設備

1937年撮影、重巡オーガスタの上級士官集合写真。600名以上が乗り組んでいたノーサンプトン級巡洋艦だが、士官の数は40名ほどだった。(アメリカ海軍歴史センター)

が導入され、兵員は調理場で受け取った食事を、食堂で食べるようになった。寝台室はいつも混雑していて、水兵は鉄パイプ製ベッドで眠っていた。しかし、戦争が始まり、対空兵装や電子設備で多数の水兵が求められるようになると、一艦あたりの乗組員の数が増加したため、艦内の居住環境はパンク状態となる。ましてガダルカナル戦役のように、熱帯地方での任務が長引くと、状況はほとんど耐え難いものとなっていった。

日本海軍：巡洋艦乗組員
IMPERIAL NAVY CRUISER CREWS

アメリカの兵員が本気で戦争に備えた訓練をしていたあいだ、太平洋を挟んだ対岸で日本海軍の水兵は、まったく次元の違うレベルでの訓練に没頭していた。日本海軍の気質には、艦数における劣勢を訓練による質的向上で補わなければならないという切迫した心情が影響していた。そして高い練度を維持するには、絶え間ない激しい訓練しかないと、広く信じられていたのである。1920年代になると、聯合艦隊は「実戦を上回る厳しい状況での果敢なる技能を習得する」ために、夜戦訓練を重視するようになっていた。海軍上層部の悲壮な決意は、1927年（昭和2年）8月に行なわれた夜間雷撃訓練中に4隻が高速航行状態で衝突事故を起こし、駆逐艦1隻が沈没して92名の犠牲者を出し、もう1隻が大破してこちらも死傷者27名、他、巡洋艦2隻も重大な損傷を被るという事故に結びついた [訳註24]。訓練はしばしば悪天候時の北洋で繰り返し行なわれた。連日の猛訓練は「月月火水木金金」と謳われるほどで、月の兵員の上陸日数が2〜3日しかな

訳註24：美保ヶ関事件を指す。1927年（昭和2年）8月24日、夜襲訓練中に島根県地蔵崎灯台沖で軽巡洋艦「神通」と駆逐艦「蕨」、巡洋艦「那珂」と駆逐艦「葦」が多重衝突事故を起こして、蕨は沈没、死者合計119名を出した。

いのもざらである。

　日本海軍の年次訓練が始まるのは12月1日で、4月までは個艦ないし戦隊規模での訓練が続けられる。6月になると艦隊規模での合同訓練が始まり、10月には要求内容がもっとも高くなる。可能な限り戦闘時を想定した環境下での訓練が重視されるが、日本の海軍士官がしばしば実戦以上だったと証言しているように、訓練の激しさは折り紙付きだった。平時の猛訓練に加え、1937（昭和12）年以降は中国沿岸で実戦任務に携わることで、艦隊の練度は理想的な状態にあった。

　以上のことを考慮すると、日本海軍はこれ以上ない自信と能力を持って太平洋戦争に突入したことは明らかである。とりわけ、研ぎ澄まされた夜間戦闘能力は強力な武器だった。戦争序盤に得られた水上打撃部隊の戦果は、こうした猛訓練の賜であり、海軍の努力の正しさを裏付けていた。ガダルカナル戦役を通じても、日本海軍および巡洋艦隊の練度はアメリカの先を行っていたことは間違いない。これらはすべて、平時に積んでいた酷烈な訓練によって達成したものなのである。

　兵員個々人の質の高さは、日本海軍に際立った特質である。1942（昭和17）年、日本海軍には士官3万4769名と下士官以下の兵員合わせて39万4599名が在籍していた。戦争に先立ち、水兵の内訳は1/3が志願兵で、残りが徴兵となっている。もちろん、海軍としては、軍艦の近代化に伴い複雑の度合いが増す一方の軍務の質を維持できる関係から、長く勤務する傾向にある志願兵を好ましいと考えていた。そのため、戦争が始まると、志

1940年、ルーズヴェルト大統領と共に撮影に臨む重巡タスカルーサの上級下士官たち。上級下士官は、艦の中でも年長者が占める割合が高く、新たに配属される新米兵員を訓練し、鍛え上げる役割を担っていた。（アメリカ海軍歴史センター）

三川軍一海軍中将 〔1888-1981〕
VICE-ADMIRAL MIKAWA GUN'ICHI

　三川軍一中将は、太平洋戦争における日本海軍の中でも、とりわけ議論の的になることが多い高級軍人のひとりである。1888（明治21）年、広島県に生まれた三川は、1910（明治43）年に江田島の海軍兵学校を149人中の第3位の成績で卒業した。卓越した士官として将来を嘱望されていたが、1916（大正5）年に海軍大学校に進んだことなどは、その傍証となるだろう。

　日本海軍士官の例に漏れず、三川も軍歴の多くを海上勤務で過ごしている。見習い士官時代を4隻の船で過ごし、1913（大正2）年から翌年にかけては、海軍水雷学校および海軍砲術学校で学んだ。士官として最初に赴任したのは、巡洋艦阿蘇で、第一次世界大戦時には駆逐艦と輸送艦に搭乗していた。また、ヴェルサイユ講和会議における日本代表団の随行員にも任じられ、大尉に昇進した後、艦隊勤務に復帰した。この間は戦艦榛名をはじめ、主に航海長としての任務が続いたことから、後には航海術の専門家と目されるようになる。そして、海軍水雷学校で教官として勤務した後に、新進気鋭の高級士官としてロンドン海軍軍縮協定には海軍代表随員として派遣され、引き続きフランス大使館付武官としてパリに赴任した。1930（昭和5）年に大佐に昇進すると、海軍行政および訓練に携わるために帰国した。

　1930年代半ばになると、また艦隊勤務に戻り、今度は艦長として重巡青葉、鳥海、そして戦艦霧島を指揮した。1936（昭和11）年には少将へと昇進する。第二艦隊参謀長、軍令部第二部長を歴任した後、戦争が始まるまでは第七戦隊、第五戦隊の戦隊司令官を経て、1940（昭和15）年に海軍中将に昇進した。

　戦争が始まると、戦艦金剛を中核戦力とする第三戦隊司令官として、海軍航空打撃戦力の中核である第一航空艦隊の前衛部隊を指揮した。1942（昭和17）年4月のインド洋作戦でも、引き続き戦艦部隊を指揮し、6月のミッドウェー作戦にも参加している。

　1942（昭和17）年7月、彼は外南洋部隊として知られることになる新編の第八艦隊司令長官となる。しかし、三川中将に与えられた第八艦隊の陣容を見れば、日本海軍の指導部が、南太平洋にまで拡大した新勢力圏に対する明確な防衛戦略を持っていなかったことは明白である。彼は重巡鳥海を艦隊旗艦としたが、他に与えられている艦はと言えば、旧式化した重巡4隻と、同じく旧式化した軽巡3隻、そして同様に第一線級とは言い難い駆逐艦8隻であった。

　7月25日、トラック泊地に到着した三川は、そこで司令長官に就任するため

三川軍一海軍中将（アメリカ海軍歴史センター）

願兵と徴兵の割合は1：1にまで引き上げられるのである。通常、士官と水兵の関係は良好である。しかし、巡洋艦の乗組勤務は容易ではない。平時にあってさえ、作戦行動に駆り出される機会が多く、動きが悪い兵員は、班長の下士官はもちろん、場合によっては士官からも直接体罰を受けることが多かった。また、巡洋艦に限ったことではないが、設計段階から艦内の居住性はほとんど考慮されていなかったため、兵員はお世辞にも快適とは言えない艦内生活を余儀なくされていた。

　充分な訓練と高い規律、そして士気旺盛な兵員を率いる高水準の士官の存在は日本海軍の美点だろう。海軍士官のほとんどは、広島県の江田島にある海軍兵学校の出身者で占められる。海軍兵学校はまさに狭き門の代名詞である。例えば、1937（昭和12）年には、7100人の志願者に対して、合格者は240名でしかない。学生たちは江田島で心身共に徹底的に鍛え上

の準備を始めた。事前に行なわれた聯合艦隊司令部での討議や、艦隊幕僚との意見交換の中で、彼はソロモン諸島方面で始まるであろうアメリカの本格的反攻を予測している人間がいないことを思い知らされた。7月30日にはラバウルに到着し、司令長官としての任に就いた。その1週間後、彼はアメリカ軍の最初の反攻に直面することになる。

　アメリカ海軍との最初の交戦となった第1次ソロモン海戦において、彼は敵艦隊に重大な打撃を与えて勝利した。ガダルカナル戦役を通じて第八艦隊司令長官の座にとどまり、11月13日からのヘンダーソン飛行場砲撃では自ら陣頭指揮している。また、アメリカ軍の制空権下にあるガダルカナル島に補給物資を送り届けるための苦肉の策であった「東京急行」を組織したのも三川だった。1943年4月に、彼は第八艦隊司令長官の任を解かれている。

　本国に帰任した三川は、航空学校校長になった後、1943（昭和18）年9月からはフィリピンに司令部を置く第二南遣艦隊司令長官となり、1944（昭和19）年6月から10月にかけては、南西方面艦隊司令長官にあった。そしてレイテ沖海戦での大敗後、彼は再び前線任務を解かれ、翌年5月には予備役に編入された。1981年2月に永眠している。

　三川の人柄は、知的で口調が柔らかいという人物評からうかがい知ることができる。その一方で、ガダルカナル戦役の指揮で見せた勇猛果敢な攻撃姿勢もまた、彼の一面であろう。早くから才能を嘱望された三川は、敵艦撃滅を第一原則とする海軍の伝統的な教育方針を体現したかのような指揮ぶりを見せた。本書の後半で検証するとおり、この事は、彼がなぜ第1次ソロモン海戦において、アメリカ艦隊を相手に戦術的な勝利を達成した後で、ガダルカナル島沿岸に展開していた敵輸送艦隊を襲わなかったのかという疑問への回答になるだろう。柔軟性の欠如は、日本海軍高級軍人の個性のようなものであり、三川のような最良の将官でも、例外にはなり得なかったのだ。事実、輸送艦隊を見逃した過失が、当時の海軍ではそれほど問題視されなかったのは注目に値する。第八艦隊の司令長官として、三川は卓越した手腕を発揮し続けていた。ガダルカナル戦役が事実上の敗北に終わった後も、彼は主要な指揮官の地位に留まり続けている。結局のところ、三川軍一という存在は、日本海軍が作り上げた海軍士官育成制度の長所と短所を一身に体現した人物の典型例なのだろう。

げられる。スパルタ教育の鏡のような生活の中で、上級生による新入生に対する鉄拳制裁は日常茶飯事であり、やがて殴ること自体が海軍の日常へと変わって行くかのようだ。江田島における教育は概ね優れているが、卒業した新任少尉が江田島を後にする頃には、大抵は硬直した思考の持ち主になってしまっている。

　日本海軍の人事方針は、豊富な経験を持つ士官や水兵に着目した少数精鋭主義といえる。戦争序盤では、この人事方針はよく機能していた。しかし、戦争が長引くと、海軍は艦隊規模を拡大し、人員の損失を埋める必要に迫られたため、当初の方針は機能不全におちいった。巡洋艦乗組員のみならず、海軍全体の人的能力を、開戦前のような高水準に保ったまま戦うことは不可能だったのだ。

重巡青葉。背後には空母加賀が見える。古鷹型の改造型重巡として、青葉型の顕著な違いは、後部煙突の大きさと射出機の取り付け位置がより後方に移された点である。(呉市海事歴史科学館　大和ミュージアム)

戦闘開始
COMBAT

【第1次ソロモン海戦（1942年8月8〜9日）】

　8月7日、ツラギとガダルカナルにアメリカ軍が上陸してきたという情報は、直ちにラバウルに置かれた第八艦隊司令部に送られた。数時間のうちに、艦隊司令長官の三川軍一中将は手持ちの艦隊だけで、上陸中の敵軍部隊を攻撃することを決断した。出撃した艦隊編成は次のとおりである。

第八艦隊（外南洋部隊基幹）
旗艦　　　　　　　　重巡洋艦　鳥海
第六戦隊　　　　　　重巡洋艦　青葉、衣笠、古鷹、加古
第一八戦隊　　　　　軽巡洋艦　天龍、夕張
第二九駆逐隊　　　　駆逐艦　　夕凪

　艦隊司令部がまとめた作戦計画案は、1430時までには海軍軍令部の許可を得て、艦隊はラバウルを後にした。三川司令長官は敵情をはっきりと掴んでいなかったものの、巡洋艦部隊の卓越した夜戦能力に信頼をおいての果敢な反撃で事態を打開するつもりだったのである。第六戦隊の所属艦艇を除いては、艦隊全体での実戦経験がないのは懸念材料だが、それでも第八艦隊将兵は作戦開始当初から士気旺盛だった。
　天候は快晴。鏡のように凪いだ海面を滑るように進む旗艦鳥海の艦橋を覆う空気は、来たるべき夜戦での勝利の確信に満ちあふれている。
　この第八艦隊を待ちかまえていたのが、水陸両用部隊の司令官リッチモンド・"ケリー"・ターナー少将麾下の連合軍部隊である。イギリス海軍のヴィクター.A.C.クラッチリー少将は、その麾下にいて警戒部隊を率いていたが米海軍から指揮されることについて不満を露わにしている。クラッチリー少将が指揮してた上陸部隊支援の護衛艦隊は、以下の陣容である。

哨戒部隊　　　　　　駆逐艦ブルー、ラルフ・タルボット
南方部隊　　　　　　重巡洋艦オーストラリア、キャンベラ、シカゴ
　　　　　　　　　　駆逐艦バッグレイ、パターソン
北方部隊　　　　　　重巡洋艦アストリア、クインシー、ヴィンセンズ
　　　　　　　　　　駆逐艦ヘルム、ウィルソン
東方部隊　　　　　　軽巡洋艦サン・ジュアン、ホバート
　　　　　　　　　　駆逐艦モンセン、ブキャナン

　このように、連合軍側の戦力は、重巡6隻、軽巡2隻、駆逐艦8隻と、第八艦隊を凌駕する陣容となっていた。しかし、艦隊配置に重大な問題があった。艦隊は警戒海域ごとに統一指揮がなくちりぢりになっていて、これ

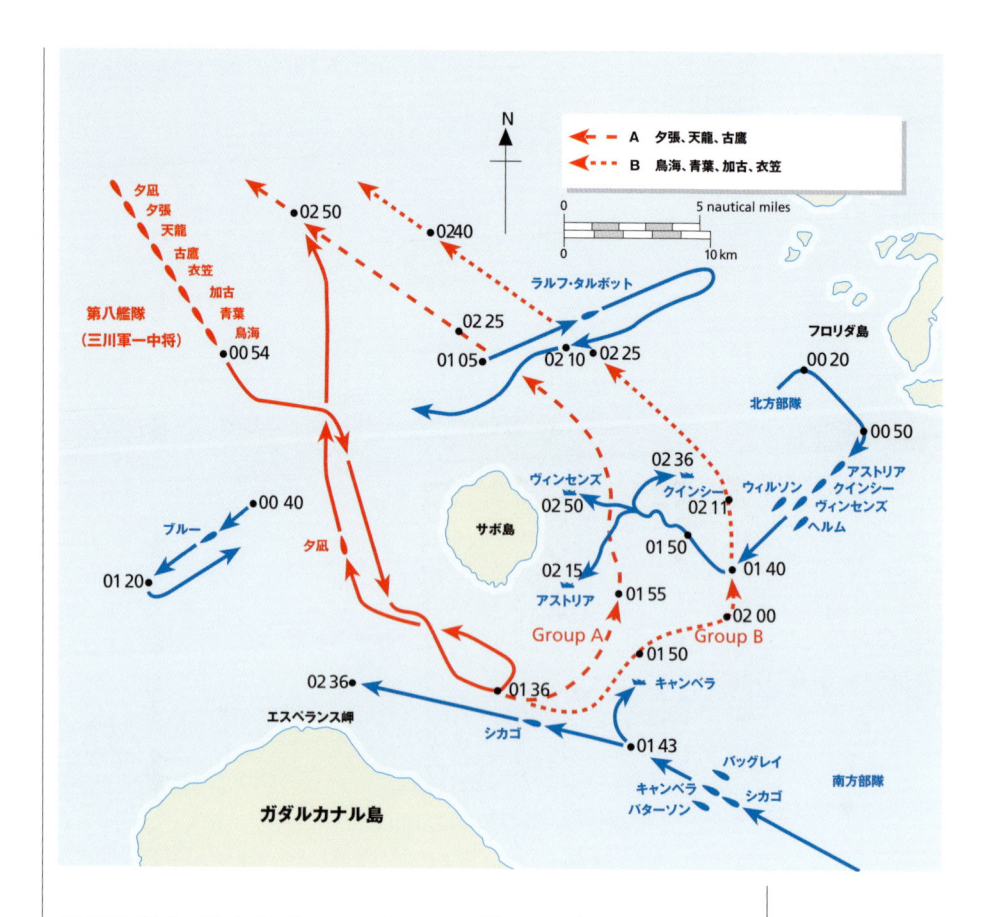

がすでに敗北の引き金になったと言ってよいだろう。艦隊配置の不備は錯綜した指揮統制によってもたらされたものだった。8月8日夜、クラッチリー少将はターナー少将からの招致に応えて旗艦オーストラリアに搭乗したまま警戒配備を脱し、その間の南方部隊の指揮をシカゴに委ねていた。そしてターナーとの会合が終わったときも、南方部隊の作戦海域には戻らず、上陸海岸の北方洋上をパトロールして過ごしていたのだ。さらに悪いことに、この時、一連の行動を麾下部隊の指揮官に伝達することを怠って

1942年に撮影されたニュー・オーリンズ級重巡クインシー。メジャー12迷彩が施された状態である。1942年6月に太平洋に送られ、8月に発生した第1次ソロモン海戦で失われたため、クインシーの戦歴は極めて短い。（アメリカ海軍歴史センター）

第1次ソロモン海戦

第1次ソロモン海戦を重巡青葉の甲板から眺めてみよう。探照灯で照らし出された重巡クインシーの艦影が浮かび上がる（1コマ目）。距離8300mでクインシーは探照灯によってはっきりと捕捉された。青葉はクインシーに主砲を斉射し、同艦の廻りには水柱が立ち上る（2コマ目）。この時点で、クインシーの主砲は定位置に固定されたままである。ついにクインシーに20㎝砲弾が命中（3コマ目）。続いて魚雷が命中して、舷側に巨大な水柱が吹き上がり、ついにその命脈は尽きた（4コマ目）。

砲弾で穴だらけにされ、火災まで発生しているにもかかわらず、勇敢にもクインシーは反撃を試みた。この反撃は、日本艦隊旗艦の鳥海に2ないし3発の命中弾を加えたが、そのうち1発は三川長官からほんの6mほどの位置に着弾して、艦橋要員36名を殺傷している。これが第1次ソロモン海戦における日本軍最大の被害となった。魚雷3本を含む無数の砲弾に叩きのめされたクインシーは、0238時に転覆して海底に姿を消した。後にアイアンボトム・サウンド（鉄底海峡）と呼ばれることになる海域での、最初の犠牲者となったのである。

いたのである。

　第1次ソロモン海戦の決め手は、日本軍による奇襲が成功したことに尽きる。8月8日早朝、連合軍の偵察機は南下中の第八艦隊を発見している。ところが、偵察機からの報告が遅延したことに加え、その内容はまったく不正確だった。ターナー少将のもとに届いた敵情報告は、巡洋艦3隻、駆逐艦3隻、水上機母艦2隻がガダルカナル島北方海上で活動中という内容であった。この報告から、ターナーは日本艦隊の目的を水上機基地の設置であると見なした。これを前提にすれば、まさか偵察機が発見した敵艦隊が南に進路を転じて、優勢な自軍艦隊に夜襲を敢行するとは思えない。このようにして奇襲を未然に防ぐ機会を、アメリカ軍は逸してしまったのだ。8月9日に日付が変わった時点で、作戦海域に接近中の第八艦隊を、付近で哨戒中のアメリカの駆逐艦2隻は発見できなかった。両艦が搭載していたのは、旧式のSC水上偵察レーダーだった。この時の様子を鳥海の艦橋では、次のように描写されている。

（8月8日）2240時、左舷前方20度にサボ島を確認する。張り詰めた空気の中、3分後に「右舷前方、敵艦（駆逐艦ブルー）接近中！」の報告が為される。……約9000mの距離に、我が艦隊の艦首方向を右から左に横切る動きをする敵駆逐艦を確認した。ただちに「戦闘」を下令、艦内に号令がこだまする。
　……敵艦は我々に気付かない様子で、速度を変更せずに右回頭して、もと来た方向へと戻っていった。

　次いで現れた哨戒中の駆逐艦ラルフ・タルボットも接近中の日本海軍の姿を見落としていた。この時もまた、日本の見張員の視力が、アメリカ製

1942年8月6日、ツラギ及びガダルカナル島上陸作戦に先立ち撮影された重巡アストリア。間もなく第1次ソロモン海戦によって撃沈される。（アメリカ海軍歴史センター）

レーダーの能力を上回ったのである。1時間後、日本軍の巡洋艦から水上偵察機が発進してもなお、アメリカ側は進行中の事態には気付いていなかった。すでにガダルカナル戦役の始まりを飾る輝かしい日本海軍勝利へのお膳立ては整っていたのである。

前日の午後、三川中将は麾下艦隊の8隻に対し、次のような作戦計画を下令していた。

突入はサボ島南方から、まずガダルカナル島基地前面の敵を雷撃した後、取舵にて反転、ツラギ前面の敵を雷砲撃した後、サボ島北方より撤退する。

この単純明快な作戦計画が、戦いの内容を端的に説明している。三川中将は自軍の艦列を互いに距離1300mほどあけた単縦陣で戦闘水域に突入した。雷砲撃の実施は各艦の判断に任せている。巡洋艦は各々が長さ6mの白い吹流し信号を掲げて、敵味方の識別を補助した。

日付が変わり、8月9日0136時、再び鳥海の見張員が敵の艦影(南方部隊)を確認した。鳥海は、重巡キャンベラに向けて4本の魚雷を放ったが、これは命中しなかった。同時に、鳥海の見張員は距離約1万6000mに北方部隊の艦影を認めている。数分後、駆逐艦パターソンの見張員がようやく日本艦隊に気付いた。パターソンの警報によって全艦戦闘突入を認めた日本の水上偵察機は、かねてからの計画どおり、南方艦隊を照らすべく吊光弾を投下して作戦を支援した。これが合図となって、日本艦隊は全砲門を開いた。第八艦隊が真っ先に狙ったのは重巡キャンベラである。オーストラリア海軍所属の重巡洋艦は、最初の雷撃をどうにかかわすことができたが、距離約4000mから浴びせられる20cm砲弾には打つ手がなかった。特に艦橋への命中弾で艦長が戦死し、次いで機関が損傷して艦は停止するに及び、進退窮まった。この砲撃には3隻の重巡洋艦が続き、最終的にキャンベラは24発の命中弾を受けて炎上した。とどめとばかりに重巡古鷹と青葉が魚雷を発射しているが、これは外れてしまった。しかし、キャンベラの運命は決したも同然だった。すぐさま応戦したパターソンも、砲塔に命中弾を受けてしまい、攻撃能力を奪われてしまう。パターソンは南東方面に退避した。バッグレイは魚雷を発射した後で、北東方向に退避している。

南方部隊のうち、最後に第八艦隊と接触したのが重巡シカゴである。シカゴは接近中の雷跡を見て、初めて戦闘に突入したことを知った。まず一本目の魚雷が左舷艦首に命中して大浸水をもたらし、間を置かず二本目が艦尾機関部付近に命中したが、これは不発だった。シカゴはパターソンの支援に廻ろうと試みたが、できたことといえば、輸送艦隊を置き去りにして自艦が安全海域に脱出したことだけだった。南方部隊はどれ一隻として他の部隊に適切な報告ができていなかった。したがって、他の連合軍艦隊はすべて第八艦隊の脅威にさらされたままだったことになる。

南方部隊を蹴散らした第八艦隊は、北東に転進して、先に確認した敵艦隊(北方部隊)の攻撃に向かった。北方部隊では重巡ヴィンセンズが旗艦を務めているが、彼らはまだ第八艦隊の正確な位置と戦力を把握できていない。0150時、第八艦隊の重巡部隊が北方部隊の攻撃に殺到した瞬間に、海戦は最高潮に達した。敵艦隊を探り出すために、日本艦隊は積極的に探照灯を使用した。鳥海は距離6900mで重巡アストリアを発見、後続の青

第1次ソロモン海戦、三川軍一長官率いる第八艦隊の圧倒的な砲雷撃によって、重巡クインシー、アストリア、ヴィンセンズは火災炎上の後、沈没した。

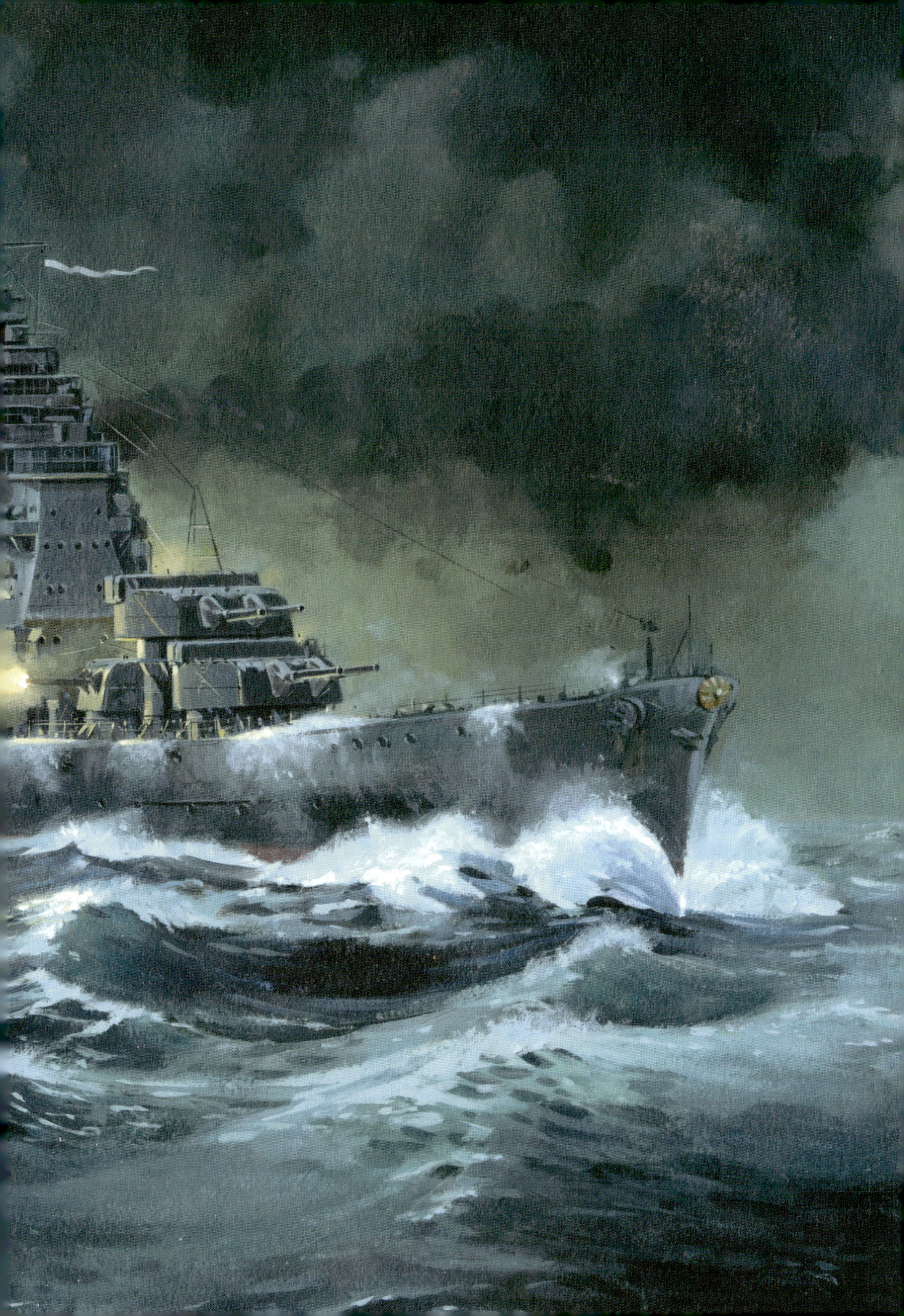

オーストラリア海軍の重巡キャンベラは、海戦の翌朝になってもまだ炎上を続けていた。周辺で、駆逐艦ブルーとパターソンが人命救助に当たっている。間もなくキャンベラは遺棄された。（アメリカ海軍歴史センター）

葉は8300mでクインシーを、加古は9500mでヴィンセンズをそれぞれ発見している。奇襲効果は徹底していて、日本軍の砲撃は極めて正確だった。

　初弾を7000mではなった後、迅速に距離を詰めてゆく。斉射を繰り返すごとに、次々と敵艦に新たな火災が発生する。にわかには信じられないことだが、敵艦の砲塔はいまだ旋回する気配を見せず、反撃のそぶりもない。抵抗が軽微であったことは歓迎だ。機銃の曳光弾が敵味方の間を飛び交うが、こんなものは戦場を彩る花火に過ぎず、恐れるに足らない。しかし、刻々と敵艦の姿が大きくなる。いまや、甲板の上を走り回る敵水兵の姿まで確認できるほどだ。近接戦闘が始まるのだ。

　第八艦隊の各艦はそれぞれの狙いを定めた。青葉と加古はともに三斉射目で、鳥海は五斉射目で命中弾を出している。
　海戦が始まってから間もなく、被害が際立っていたのはクインシーだった。青葉からの命中弾が、艦載機と艦橋を破壊したからだ。初弾を放つ前に、青葉、古鷹、そして軽巡天龍の3隻から浴びせかけられる主砲弾によってクインシーは火だるまになっていた。それでも敵艦隊に艦首を向けようともがくクインシーを、3隻はたったの三斉射で行動不能に追い込んだ。この時の艦橋の様子を、クインシーで砲術補佐にあたっていた士官は次のように報告している。

　艦橋に到着すると、そこは一面が血の海と肉片に覆い尽くされ、3、4人がかろうじて立っているだけの地獄絵図に変わっていた。操舵室で無事

なのは通信員だけで、彼は右舷方向に傾きつつある船を左舷側に立て直そうと奮闘していた。私が彼に艦長の所在を問いかけようとすると、果たして操舵の側に横たわっていた艦長その人が、船を海岸に乗り上げさせるべく、舵を取る通信員に左舷前方のサボ島に向かうよう指示していることに気がついた。私は操舵室の左側に立ってサボ島を確認しようと試みたが、その時、艦が急速に左舷側に傾いたかと思うと、艦首から沈み始めたのである。

さらに青葉と天龍は合計3本の魚雷を命中させた。これに両艦の主砲弾合計54発の命中弾を加えれば、クインシーと乗員370名がたどった運命がどのようなものだったか理解するのは難しくない。しかし、反撃に出たクインシーが放った8インチ砲弾は、第八艦隊の旗艦である鳥海の海図室付近に命中し、艦隊幕僚にあわやの惨事をもたらすところだった。これが唯一、第1次ソロモン海戦で日本側が被った特筆に値する損害例である。

加古から砲撃を受けた重巡ヴィンセンズは、果敢に応射して重巡衣笠に命中弾を与えた。命中弾はヴィンセンズの艦中央部に集中し、艦載機付近に火災が発生した。さらに海戦が始まってから間もなく、今度は鳥海からの魚雷2本が命中し、続いて夕張からも魚雷1本を喰らっている。艦砲の直撃だけでも74発を数えたヴィンセンズは、乗員332名とともに沈没した。

日本艦隊の奇襲を受けた重巡アストリアの対応は、北方部隊の混乱を象徴しているだろう。鳥海から主砲斉射を受けた直後、アストリアの砲術士官は直ちに主砲による反撃命令を出したが、艦橋に姿を見せたアストリアの艦長は、この命令を直ちに取り消してしまうのである。

戦闘の最中、探照灯で照らし出された重巡クインシー。(アメリカ海軍歴史センター)

誰が警戒警報を発したのか？　誰が砲撃開始を命じたのか？　これは同士討ちに違いない。興奮しての早とちりはやめろ。射撃中止だ！

　鳥海の攻撃がアストリアの主砲塔をすべて沈黙させるまでに、アストリアは計53発の8インチ弾を射撃している。しかし、青葉、衣笠、加古からの20cm砲弾命中数は34〜68発を数え、アストリアは216名の乗員と共に波間に姿を消した。

　海戦の最終段階は0200時、第八艦隊がサボ島北方で哨戒任務にあたっていた駆逐艦ラルフ・タルボットを発見した時点から始まった。すぐさま軽巡夕張が14cm砲を浴びせかけたが、ラルフ・タルボットはスコールの中に逃げ込んで、かろうじて難を避けることができた。こうして第一次ソロモン海戦は終了した。

　ガダルカナル戦役の第1ラウンドは、三川中将と第八艦隊の大勝利となった。ごくわずかな損害と引きかえに、三川は連合軍の巡洋艦部隊をふたつも撃破したのである。この時点で、ツラギ沖に停泊した米海軍の5隻の輸送艦を護衛するのは、わずか数隻の駆逐艦だけ。また、ガダルカナル沖には3隻の駆逐艦と、5隻の旧型機雷敷設艦が頼りなく守るだけの13隻の輸送艦がひしめきあっていた。南方部隊を無力化した時点で、ルンガ岬沖に停泊する輸送艦隊への道を妨げる敵は、第八艦隊の前には存在していなかった。この時に北に転進して北方部隊と交戦に入った事実が、三川自身と日本海軍上層部の制海権に対する思想をはっきりと反映している。輸送艦よりも戦闘艦の撃破と無力化を優先すべし。敵艦隊を撃滅しさえすれば、しかる後に制海権、最終的にはガダルカナル島の支配権そのものが日本の手に戻ってくるという考えである。北方部隊を壊滅に追い込んだ頃には0200時をまわり、第八艦隊はバラバラになっていた。ここで輸送艦隊に攻撃を仕掛けようと考えれば、あと数時間は必要になる。そうなると、夜明けと共に、おそらく近海にいることが想定される敵空母艦載機の攻撃にさらされることになるだろう。この時すでに空母機動部隊を率いるフレッチャー中将が、貴重な空母機動部隊の退避を決めていたという事実を、三川は知るはずもない。結局彼は、敵水上部隊に対する赫々たる大勝利に満足して、ラバウルへの帰還を決めたのである。この決断が、ガダルカナル戦役において米海軍を相手に戦略的勝利を挙げ、同海域から敵勢力を一掃する機会を逃してしまった事実を、三川は後に思い知らされることになる。

【サボ島沖海戦（1942年10月11日）】

　次の巡洋艦同士の対決は、10月まで持ち越しとなる。ガダルカナル島に大規模な増援を送り込もうとする日本軍の試みは、8月を通してことごとく失敗している。次なる手段として、日本海軍はネズミ輸送（あるいは東京急行）として知られる、駆逐艦を使った部隊と物資の輸送に打って出た。この頃、同島周辺海域の支配権は飛行場を抑えていた米軍にあったため、日本軍の行動は夜間に限られていた。10月13日、第164歩兵連隊の兵士と装備を積載した米軍輸送艦隊が、ルンガ岬沖に到着した [訳註25]。周辺海域にはノーマン・スコット少将が率いる米海軍の任務部隊が展開して、上陸の護衛任務にあたっていた。当然、日本軍による増援派遣や、飛行場に対する砲爆撃などの阻止も、彼らの任務に含まれている。スコット少将

訳註25：第1海兵師団の支援のために、ニューカレドニアに第132歩兵連隊、第164歩兵連隊、第182歩兵連隊の3個連隊が集められ、増派の機会をうかがっていた。当初、これらの部隊には名称が無かったが、師団編制となった際に、士気高揚のためにアメリカル師団（アメリカ＋カレドニアの造語）と命名され、後に正式に第23歩兵師団となった。サボ島沖海戦との因果関係はないが、10月13日に第164歩兵連隊が揚陸に成功したことで、米軍上陸部隊は優勢に転じることができた。

サボ島沖海戦

軽巡ヘレナから見たサボ島沖海戦の状況で、約3300mの距離に日本艦隊が迫っている。これほど接近すると、敵艦は肉眼で充分に確認ができる。この時、ヘレナの見張員は敵重巡3隻、駆逐艦1隻の艦影を認めている。

が率いる艦隊の陣容は次のとおり。

重巡洋艦　　　ソルト・レイク・シティ、サンフランシスコ
軽巡洋艦　　　ボイシ、ヘレナ

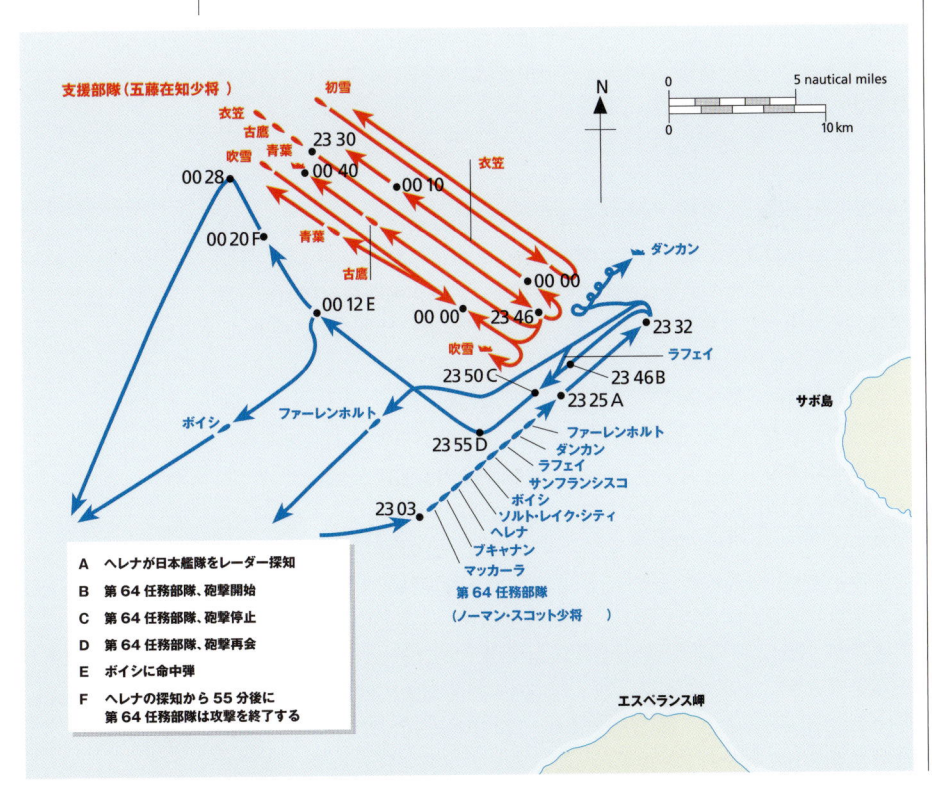

A ヘレナが日本艦隊をレーダー探知
B 第64任務部隊、砲撃開始
C 第64任務部隊、砲撃停止
D 第64任務部隊、砲撃再会
E ボイシに命中弾
F ヘレナの探知から55分後に第64任務部隊は攻撃を終了する

駆逐艦　　　　　ブキャナン、ダンカン、ファレンホルト、ラフェイ、
　　　　　　　　マッカーラー

日米開戦前（1940年）、ボストン・ハーバーで撮影された軽巡ヘレナ。5インチ38口径の連装砲を搭載していることから、5インチ25口径単装砲を装備していた前級のブルックリン級と見分けが付く。（アメリカ海軍歴史センター）

　サボ島沖での苦い経験（第1次ソロモン海戦）から、スコット少将は日本海軍の夜戦能力が優れていることを充分に心得ていた。しかし、スコットが抱えていた不安要因は他にもいくつかあった。開戦以来、米海軍では所属変更や戦没によって艦隊編制が安定せず、まとまった部隊としての訓練が不足していた。果たして艦隊が統制のとれた作戦行動が可能か不安視されていたのである。スコットの部隊も、南太平洋に展開していた太平洋艦隊の寄り合い所帯に過ぎない。この時点で、スコットはもちろん、米海軍は、日本の九三式酸素魚雷の存在に気付いていなかった。この魚雷は、日本軍が得意とする雷撃の有効射程の外側からの砲撃戦を重視するという米海軍の戦術的前提を破壊する能力を秘めている。さらに加えるなら、夜戦の様相を一変させる、自軍装備のレーダーの威力についても、米海軍士官の大半は理解していなかった。開戦時から使用していたSCレーダーの能力は決して満足行くものではなかったからだ。1942年3月の米海軍資料には、SCレーダーの有効距離は4～10マイル（6.4～16km）と記載されている。陸地が近くにある場合、数値は当然激減する。第1次ソロモン海戦が実証したように、SCレーダーは敵艦隊の探知に有利をもたらす装備ではなかった。この後継になるのがSGレーダーで、SCレーダーがメートル波を用いていたのに対して、SGレーダーはより鋭敏なセンチ波を使っている [訳註26]。しかし、高性能なSGレーダーの導入にあたっては守秘が行き過ぎたところがあり、結果としてスコット少将はSGレーダーの性能

訳註26：SCレーダーは対空捜索が主体であり、水上索敵能力はおまけ程度でしかないが、10cm波を使ったSGレーダーの水上索敵範囲は35kmにおよび充分な能力があった。日本海軍が夜戦を得意としたのは、優れた夜間索敵能力の賜だったが、SGレーダーの普及によって夜戦においても日本海軍はイニシャティブを喪失することになる。

を詳しくは知らされていなかった。サボ島沖海戦の発生時に重巡が搭載していたのはSCレーダーのままであり、SGレーダーに換装されていたのは軽巡だけだったが、この違いが戦局に与えた影響は大きい。不運なことに、スコットは従来の伝統に従い、重巡を旗艦としていたからだ。

　スコットが立案した作戦計画はシンプルで、当座しのぎに近い状態の指揮統制でも機能する点が重要だった。彼は、巡洋艦隊の前後に2つに分けた駆逐艦隊を配置する単縦陣を採用した。駆逐艦にはそれぞれ、レーダーが敵を探知したら、後は探照灯で敵の正確な位置を照射するよう命じている。そして、大型艦には魚雷攻撃を行ない、小型艦には5インチ砲で対処することも決められていた。巡洋艦隊は、射撃開始命令を待たずに発砲してよいこととされている。敵影を認めたら、直ちに各艦の判断で砲門を開くことになっていたのだ。巡洋艦の艦載機にも吊光弾を投下して敵艦を照らしだす役割が与えられたが、これは第1次ソロモン海戦で日本軍が使ったのと同じ手である。また、スコットは日本軍の雷撃能力の高さを知っていたので、もし脅威度が高いと判断されたときには、艦隊をさらに細分して臨む段取りまで用意していた。一連の措置でもっとも重要なのは、実戦の前に、このような想定の元での艦隊訓練が実施できたことだろう。

　日本艦隊の狙いは、当然、ガダルカナル島への兵員物資輸送で、10月11日にショートランド泊地を出航した輸送艦隊には、野砲を積載した2隻の水上機母艦も加わっていた。この他、6隻の駆逐艦には、陸軍部隊が満載されている [訳註27]。

　この輸送作戦に並行した支援作戦として、日本海軍ではヘンダーソン飛行場への艦砲射撃作戦を計画していた。艦砲射撃の実施は夜間に想定されるとともに、飛行場に最大限の打撃を加えるために、徹甲弾ではなく瞬発性の陸上攻撃用特殊砲弾を用意していた。ガダルカナル周辺でアメリカ艦隊が夜戦を挑んでくるはずがないという認識が、日本軍の作戦の前提にある。この砲撃任務にあたったのは、重巡主体の第六戦隊で、指揮官は五藤存知少将である。

重巡洋艦　　　　　青葉、古鷹、衣笠
駆逐艦　　　　　　吹雪、初雪

　スコットの艦隊は、10月9日と10日を、ガダルカナル北方海域の哨戒にあてたが、この時は異変はない。そして、11日の夜に日本艦隊が姿を現し、同海域では2度目となる大規模な海戦が発生するのである。スコット艦隊はガダルカナル島北西、サボ島から見て西の海域に、北東―南西の形になる哨戒ラインを設定していた。第1次ソロモン海戦の時とは異なり、アメリカ軍のレーダーは早速威力を発揮した。2325時、軽巡ヘレナが搭載していたSGレーダーが約2万5000mの距離で敵艦隊探知に成功したからだ。しかしヘレナの艦長は、このことをスコットに報告しなかった。ヘレナのレーダーが敵艦隊の捕捉に成功した頃、スコット艦隊はちょうど哨戒予定海域の北端に差し掛かるところだった。2332時、スコットは単縦陣のまま艦列を維持する逐次一点回頭を命じる。ところがこの時、一部の巡洋艦はその場で回頭を始めてしまい、前衛の駆逐艦（ダンカン、ファーレンホルト、ラフェイ）を右舷方向に置き去りにする形で、艦隊陣形を乱してし

訳註27：ガダルカナル島への兵員物資輸送は、この頃、もっぱら駆逐艦によるネズミ輸送となっていたが、この時には第二師団を主力とした反撃作戦に必要な野砲や重装備を運搬するために、日進、千歳の2隻の水上機母艦も投入された。

まったのである。一歩間違えば、重大な結果をもたらす事態が生じた。しかし、前衛駆逐艦隊は巡洋艦隊を彼らの右舷側から追い越すべく急行して、スコット艦隊の先頭位置を確保しようとした。まさにその瞬間に戦闘が勃発したのである。

　スコットは事前の作戦計画で、各巡洋艦に自発的な砲撃許可を与えている。しかし、2325時に日本艦隊を捕捉していた軽巡ヘレナは、混乱の中にあって、この艦影を前衛の駆逐艦部隊ではないかと見なしたため、砲撃を控えていた。2345時には両艦隊の距離が3300mほどまで迫り、アメリカ軍の見張員にも日本艦隊が確認できるまでになっていた。しかし、この時点でも自軍駆逐艦隊の位置が不明だったために、重巡サンフランシスコに座乗していたスコットは、砲撃命令を下せないでいた。サンフランシスコはSGレーダーの恩恵にあずかっていない。そして、ついに2346時、スコットが錯綜する通信の中から現状を見極めようと奮闘しているさなか、ヘレナの艦長は独自判断で射撃を開始したのである。

　しかし、戦闘に先立つこのようなアメリカ艦隊の混乱も、日本側の不注意と不手際に比べれば、いかほどのこともない。五藤司令に与えられていた任務は、迅速な一撃離脱作戦を敢行し、夜明けまでに作戦海域からなるべく遠くに離れて航空攻撃の脅威から逃れることだった。すでに言及したように、日本海軍の高級将校の間では、アメリカ軍が夜戦を挑んでくることはないというおごりが蔓延していた。五藤司令が率いる支援艦隊の幕僚も状況は同じであり、こうした慢心が、夜戦における初めての敗北をもたらし、五藤自身も命を持ってその代償を支払わされる結果となる。敵艦隊との衝突の可能性を考慮していなかったことから、2343時に前方1万mに3隻の敵影を認めた見張員からの報告を受けても、五藤司令はこれを友軍の艦船と思いこんで、「ワレアオバ（我、青葉）」との識別信号を送ってしまったのである。見張員は敵艦隊であることに気付いていたが、五藤司令にまでは、その認識が及ばなかった。

　このように両艦隊が錯誤を繰り返しているうちに、結果として戦術的状況はアメリカ側有利に傾き始めた。スコット艦隊は、日本艦隊に対し絶好のT字型を形成する位置になっていたからだ。ソルト・レイク・シティの艦長の言葉を借りれば、「海軍士官なら誰もが20年間は待ちこがれる情景になっていた。我が艦隊は敵に対してT字の横線を為していたのだから」五藤艦隊の旗艦、重巡青葉はボイシ、ソルト・レイク・シティおよび2隻の駆逐艦から集中射撃を浴びた。青葉は大破して、艦首にある20㎝砲は使用不能となり、射撃指揮所も破壊された。そして、艦橋では五藤司令が重傷を負ってしまう（翌朝死亡）。砲弾の雨の中、青葉、古鷹、そして駆逐艦1隻は右回頭、衣笠と初雪は左回頭して、破滅的な状況から逃れようとした。

　この砲撃戦はスコットの判断で始まったわけではなく、彼は2347時に射撃停止命令を出しているが、これに従ったのは重巡2隻だけに過ぎなかった。この時、スコットは自軍駆逐艦隊を誤射しているものとばかり思いこんでいたが、どうやら目標が日本艦隊らしいことに気付くや、2351時になって攻撃開始命令を発令した。しかし、自軍の駆逐艦3隻が、砲火を交わしている双方の重巡艦隊の間に紛れ込んでしまっているのではとの疑念が、スコットの頭から離れなかった。彼は知らなかったが、懸念されて

1939年9月に就役した軽巡ヘレナは、短くも輝かしい戦歴を持った巡洋艦である。真珠湾攻撃で損傷したヘレナは、戦列復帰した直後にサボ島沖海戦に遭遇した。11月13日には第3次ソロモン海戦の第1次会戦に生き延びたが、1943年7月、クラ湾夜戦にて敵駆逐艦の雷撃を受けて沈没した。撮影されたのは1943年だが、戦時検閲によってレーダー装備が消されている。（アメリカ海軍歴史センター）

いた駆逐艦の1隻であるダンカンは、まさにこの時、両艦隊からの砲撃を浴びて、死の淵でもがいていた。海戦が始まる直前、ダンカンが南西に進路を取るために回頭したとき、索敵レーダーが約6000mの距離に日本艦隊を探知したため、ダンカンはこの敵艦隊に向かって肉薄しようとしていたのである。こうして砲火が交わされる寸前の様子を、ダンカンの乗組員は次のように回想している。

　闇夜の静かな海面を覆い尽くす星明かりに目を凝らしていると、突然、幽霊船のような輪郭が目の前に浮かび上がった。暗闇の中、何の前触れもなく船が姿を現したのだった。私はとっさに叫んだ。「敵艦——肉眼で見えるほど近い！」

　戦闘が始まった時、ダンカンは日本艦隊から1000mも離れておらず、ヘレナからは15cm砲のレーダー射撃を浴びることになった。こうした事態の中で、ダンカンは古鷹に対して魚雷を発射する。これは不発に終わるものの、火災を起こす前に、古鷹に5インチ砲弾を命中させた。総員退艦命令が出されたが、翌日、ダンカンは海底に姿を消した。ファーレンホルトもまた15cm砲の誤射による犠牲者となり、戦闘水域からの離脱を余儀なくされている。ラフェイは無傷のまま、友軍艦隊の最後尾につくことができた。

　二手に分かれて、北西方向に進路を転じた日本艦隊も、ようやくこの頃には微弱ながら反撃を開始した。青葉は艦尾主砲を7発放っている。古鷹でも12cm砲が敵艦を夾叉したのに続いて、30発の20cm砲を叩き込んだ。

しかし、報復とばかりに敵艦隊から集中砲火を浴びせられた古鷹では、後部主砲も破壊され、左舷の魚雷発射管では火災が発生、機関室にも2発が命中していた。それでも、古鷹は北西に向けて航行を続けている。また、同様に集中攻撃を受けた駆逐艦吹雪では激しい火災が発生し、間もなく爆沈した。

　2353時、スコット艦隊が北西に転進し、日本艦隊への追撃に出たところから、海戦の第二幕が始まった。彼の手元には4隻の巡洋艦と、2隻の駆逐艦ブキャナン、マッカーラーがある。主な攻撃目標は青葉と古鷹だ。古鷹は90発、青葉は40発と、それぞれ多数の命中弾を受けて深刻な損害が発生している。古鷹は最終的に操艦不能となり、翌朝に沈没した。一方、青葉はどうにか戦闘海域を脱し、後日、戦列に復帰することができた。日本艦隊の中で、抵抗らしい抵抗を見せたのは、重巡衣笠ただ1隻だけだった。戦闘開始直後に面舵一杯で砲撃戦を回避した衣笠は、海戦の第一幕にはほとんど姿を見せていない。しかし、日付が変わる頃に再び姿を現すや、サンフランシスコに主砲弾を浴びせかけると同時に、ボイシにも雷撃を行なっている。たまらずボイシが探照灯に手を出すと、衣笠はこれをめがけて主砲を撃ち込み、艦首砲塔のバーベットに命中弾を与えた。さらに水線下部への命中弾が弾薬庫を誘爆させ、ボイシ艦上は火の海となった。戦争が始まる前に、日本海軍では海面着水時に特異な軌道で水線下部に損害を与える、特殊な水中弾の研究開発に成功していたが、その威力が証明された瞬間だった [訳註28]。ボイシでは、乗員の必死の消火努力に加え、命中弾によって発生した浸水のおかげで、どうにか火災を鎮火できた。衣笠の攻撃はさらに続き、少なくともソルト・レイク・シティに2発の命中弾を与えた。このうち1発は水線部の薄い装甲を突き破ったが、損害はわずかな浸水にとどまった。しかし、もう1発が激しい火災を引き起こし、結果としてソルト・レイク・シティは操艦不能になってしまった。

　0028時、スコットは敵艦隊の追撃中止命令を発した。こうしてサボ島沖海戦は終了した。海戦が進行しているあいだ、日本の輸送任務部隊は、妨害を受けずにガダルカナル島への物資揚陸に成功している。

訳註28：水中弾効果（着水後に一定距離海中を自走して敵艦の水線下部に損害を与える効果）が得られる九一式徹甲弾は、高雄型に搭載された50口径三年式二号20cm砲（口径20.3cm）用のものが開発されたが、妙高型以前の重巡も、随時、この徹甲弾が使用できるように砲身や揚弾機の大改装を受けている。九一式徹甲弾が使用できない従来の50口径三年式20cm砲（口径20cm）を搭載したまま開戦を迎えたのは、空母赤城と加賀の2隻だけだった。

統計と分析
STATISTICS AND ANALYSIS

　海戦で被った損害として見れば、第1次ソロモン海戦は米海軍史上、最悪の敗北記録となっている。

　重巡洋艦の撃沈4隻（1隻はオーストラリア海軍のキャンベラ）の他、1隻が中破、駆逐艦2隻も損傷している。乗組員にも戦死1077名、負傷700名と被害は甚大だった。

　一方の日本艦隊では、損害は軽微である。重巡鳥海は直撃弾3発を受けて戦死者34名、負傷者48名を出し、青葉の艦上構造物もかなり手ひどくやられはしたが、機関と船体に影響はなく、無事に帰還している。衣笠の損害は、命中弾2発、戦死、負傷者ともに1名である。天龍には5インチ砲弾1発が命中し、戦死者23名、負傷者21名を出した。そして日本の最大の損害は、8月10日、カビエンに向けて回航中の重巡加古が、アメリカ潜水艦S-44の雷撃で撃沈されたことだろう。この撃沈に伴い、戦死者71名、負傷者15名が発生している。

　第1次ソロモン海戦は、日本海軍が自慢の夜戦能力を存分に発揮した戦いである。戦前、彼らが積み重ねてきた激しい訓練が正しかったことを実戦で証明したと言えよう。夜間偵察用機器の能力と、練度の高い見張員によって、アメリカ艦隊を最初に発見した日本の重巡部隊は、即座に雷撃を実施している。敵艦隊の識別と照射に携わった水上偵察機の働きも重要である。とどめは巡洋艦による探照灯照射で、これによりはっきりと識別されたアメリカ艦艇は、次々に正確な20cm砲撃の的になってしまった。日本海軍では、決戦兵器としての九三式酸素魚雷を重要視していたが、第1次ソロモン海戦の主役は重巡洋艦の主砲であり、魚雷はすでに戦力を喪失した敵艦に対するとどめに用いられたに過ぎない。

　アメリカ艦隊側の指揮統制の欠陥や、艦隊指揮のまずさは日本軍の優位をより一層引き立てる結果となり、これが大損害に結びついた。サボ島西方海域の警戒に駆逐艦2隻しかあてなかったことは、哨戒ラインと巡洋艦隊との位置が近すぎたことと合わせて、明らかにターナー少将の判断ミスである。2隻の駆逐艦が割り当てられた警戒海域は、両艦の距離が最大で30km以上も離れてしまうほど広く、かなりの規模の艦隊でもすり抜けが可能な間隔を生じてしまう。それでも重巡部隊は、不足の事態に備えて迅速な対応ができるように、指揮権も含め、最低限の配慮が為されていたと言えるかも知れない。しかし、戦局を一変させる可能性を秘めていた高性能SG索敵レーダーを搭載していた巡洋艦サンジュアンは、この時、もっとも会敵の可能性が低い海域に配置していたために、戦局には寄与できなかった。

　連合軍側全体の指揮統制の不備は、日本艦隊を利するだけだった。クラッチリー、ターナーのどちらも海戦に先立ち、護衛艦隊に具体的な指示を

重巡シカゴは幸運にも第1次ソロモン海戦を生き延びた。写真は、開戦直後に撮影された艦首部の損害状況である。しかし、この幸運はいつまでも続かない。1943（昭和18）年1月29日から30日にかけてのレンネル島沖海戦で、6発の航空魚雷をくらって撃沈されてしまうからだ。（アメリカ海軍歴史センター）

出すことはなかったし、また事前の作戦計画はどちらも持っていなかった。拠るべき戦闘教則もなく、合同訓練の経験もないとあっては、史実の戦闘結果に至るのも当然といえる。さらにクラッチリーが何も告げずに南方部隊から離脱していたことで、指揮権の所在は完全に失われた。重巡ヴィンセンズが北方部隊の旗艦となったことも、別の破滅を導いている。ヴィンセンズの艦長はクラッチリーと個人的な面識がないだけでなく、作戦計画も指揮方針に関する一切指示を受けていない。したがって、進行中の事態に対しては、巡洋艦艦長として自艦の指揮に手一杯となり、巡洋艦隊を統制する任務は、半ば放棄されていたも同然だったのだ。

　水陸両用部隊司令官のケリー・ターナー少将も、アメリカ軍の指揮統制の混乱に一役買っている。彼は日本軍の能力を考慮しないまま、敵の意図を探るために情報網を稼働させておきながら、これを分析する段階でミスを犯している。結果、彼は艦隊防衛に失敗し、もっとも脆弱な状態に置かれている上陸侵攻部隊を敵の夜間攻撃にさらすという、最大の危機を自ら演出してしまうのである。一貫した日本海軍の攻撃的性格を考慮すれば、奇襲を予見できなかったはずがないのだ。海戦を通じて、唯一アメリカ軍が救われたのは、日本艦隊が優勢を利用してさらに一歩踏み込み、輸送艦隊を襲おうとしなかったことだけである。もし日本艦隊が輸送艦隊を襲っていれば、十中八九、準備不足のまま始まったガダルカナル侵攻作戦は失敗し、その影響は戦略的なスケールで広がっていっただろう。たとえ、三

ガダルカナル島の作戦に備えるケリー・ターナー海軍少将とアレクサンダー・ヴァンデグリフト海兵第1師団長。第1次ソロモン海戦の敗因を作ったのはターナー少将だが、彼は責任を追及されることはなく、残りの期間、上陸作戦を次々に成功させて、アメリカの勝利に貢献した。（アメリカ海軍歴史センター）

川司令の第八艦隊がすべて失われたとしても、アメリカ軍の輸送艦隊を撃破できれば充分すぎる戦果となったはずなのだ。

　第1次ソロモン海戦の顛末を見る限り、奇襲成功の恩恵もあったとはいえ、よく訓練された日本海軍の重巡部隊を破るのは至難の業に見える。しかし、アメリカ軍が経験を積み始めると、例え夜間戦闘であっても、日本海軍が決して無敵ではないことがはっきりとしてくる。サボ島沖海戦は、その典型例だろう。スコット少将が戦闘報告書にしたためた内容ほどの大勝利ではなかったものの、勝利を主張する資格を持つのは疑いなくアメリカ軍である。

　この海戦で、日本は重巡古鷹（戦死者258名）と駆逐艦吹雪（戦死者78名）を失い、生存者111名は捕虜となった。青葉も大破したが、幸い、船体が無事であったために、戦場から離脱することはできた。それでも戦死者は79名を数え、後に修理のために日本に回航され、戦列に復帰するのに1943（昭和18）年1月までかかった。これとは別に、衣笠と初雪も小破している。五藤司令が戦死しているため、海軍は戦隊幕僚を更迭した。

　米海軍は見事な敢闘を見せたが、勝利の代償は決して安くはない。両軍からめった打ちされた駆逐艦ダンカンは48名の戦死者と共に沈没し、他に35名の負傷者を出している。かろうじて撃沈を免れたボイシも、107名が戦死、29名が負傷している。小破で済んだソルト・レイク・シティでさえ、修理には半年の時間がかかっている（戦死者5名、負傷者19名）。

同じく味方の誤射も受けたファーレンホルトは、修理のために本国送りとなった。この駆逐艦も戦死者3名、負傷者40名を出している。
　アメリカ艦隊の勝因は明確であり、第1次ソロモン海戦で日本軍に勝利をもたらした状況とかなりのところで類似している。ここでも重要なのは奇襲効果である。日本側の油断は別にしても、奇襲の成功要因は索敵レーダーにある。いまだ、艦隊戦術の中にこの最新兵器をどのように組み込んでいくかという課題は模索中であったものの、サボ島沖海戦でレーダーが証明した能力は、今後の索敵の方向性を大きく変えることになる。日本海軍が長年練り上げてきた夜戦能力の優位を一気にひっくり返す威力を秘めた武器を米海軍は手にしたのだ。砲撃能力については言うことはない。特に、2隻の軽巡が搭載していた6インチ砲の速射能力は極めて有効だった。戦闘の結果、日本海軍は夜戦において決して無敵というわけではないことがわかっただけでなく、スコット少将が指揮官として信頼を勝ち得た影響も米海軍にとっては大きい。彼の戦術は単純明快で、指揮スタイルにも合致していた。この成功の不本意な派生的影響としては、後の米海軍において、スコットと同じ戦術を駆使しようとの誘惑に駆られた艦隊指揮官が、好成績をあまり挙げられなかったことだろうか。しかし、サボ島沖海戦ではいいところなく一敗地にまみれた五藤司令麾下の第六戦隊は、衣笠の孤軍奮闘によって一方的な敗北を免れたように、日本は個艦能力の優秀性をいまだ保持していた。この海戦で九三式酸素魚雷が1本も命中しなかったことは、アメリカ軍にとって幸運以外の何物でもない。

1938年、公試を受ける巡洋艦ボイシ。サボ島沖海戦では大破損害を受けながらもどうにか生き残り、地中海と太平洋の2つの戦域で活躍を続けた。（アメリカ海軍歴史センター）

サボ島沖海戦における日本艦隊の敗因は、準備不足に尽きる。作戦海域に敵艦隊が存在する兆候を得ていながらも、アメリカ側から砲門を開いたとき、すぐさま反撃に出た日本艦艇はいなかった。この錯誤はひとえに、アメリカ側からの反撃をまったく念頭に置いていなかった五藤司令の怠慢に帰せられる。旗艦青葉の見張員が敵艦隊を視認したときでさえ、五藤司令は自身の思いこみを疑おうとはしなかったのだ。ただ衣笠の孤軍奮闘と、輸送任務の成功によって、かろうじて日本艦隊は一方的な敗北に終わらずに済んだ。

　ガダルカナル戦役における水上艦隊同士の戦闘、つまり第1次ソロモン海戦とサボ島沖海戦の結果は表のとおりである

	撃沈された巡洋艦	撃沈された駆逐艦	戦死／捕虜
アメリカ海軍	4隻（1隻はオーストラリア海軍）	1隻	1240名
日本海軍	1隻	1隻	584名

　指揮統制の困難さや奇襲効果が絡むふたつの戦闘から安易に明確な結論を引き出すのは危険を伴うが、いくつかの傾向のようなものははっきりしている。開戦前から日本海軍が磨き上げてきた夜間戦闘戦術と、これに合わせた装備の改善は、ガダルカナル戦役において極めて有効だった。総じて、日本海軍の巡洋艦運用方針や装備、夜間戦闘能力は、太平洋戦争前半を通じてよく機能している。巡洋艦の主兵装として魚雷発射管を残したこ

サボ島沖海戦で巡洋艦ボイシの3番砲塔が被った損害の様子。1942年11月にフィラデルフィア海軍工廠で撮影された損害記録で、この後に修理工事が始まった。（アメリカ海軍歴史センター）

とも正しかった。そしてなにより一連の成功を支えていたのは、徹底した訓練によって最高の練度を維持していた乗組員の質に他ならない。

　しかし、いかに優れた夜戦能力を持っていると言っても、この一要素だけを持って決定的勝利を掴むことはできなかった。海軍の質を重視する日本の考え方は、短期決戦では確かに有効だが、半年間におよぶガダルカナル戦役で日本軍が直面した消耗戦を勝ち抜く力にはならなかったのだ。一方、米海軍は、夜戦能力の欠如を、積極的な敢闘精神によって埋め合わせようとした。第1次ソロモン海戦で日本軍が演出した完璧な勝利の中でも、日本は出血を強いられ、最終的には崩壊に向かう一要因となっている。索敵レーダーに象徴されるハードウェアの改良と統合の努力はやがて日本海軍の夜戦能力よりも安定した効果を発揮し始め、1943（昭和18）年後半には、ソロモン諸島周辺の制海権は、昼夜を問わずアメリカ軍の手に落ちていた。

　巡洋艦の設計に目を転じると、日本海軍は常に個艦優勢を重視して艦を建造していることがはっきりする。この傾向は古鷹型の建造に始まり、米海軍がボルティモア級を送り出す1943（昭和18）年まで続いている。個艦優勢へのこだわりは、高雄型巡洋艦にもっとも強くにじみ出ている。日本巡洋艦が手強い敵であるという認識は開戦から終戦まで揺らぐことはなかった。しかし、軍縮条約の規定条項を破ってまで獲得した高性能巡洋艦にもいくつか欠点がある。特に顕著なのは、航続距離の短さと復元力不足だろう。増加する一方の重量に相反して、浸水被害に対して脆弱な艦となっていたのだ。

　戦争の進展に伴い、日本海軍が保有する巡洋艦の弱点はさらに際立ってくる。航空攻撃による損害が目立ち始めたのだ。戦争を通じて、対空兵装は強化の一途をたどっていたにもかかわらず、撃沈された重巡16隻のうち、10隻は航空攻撃が直接、間接を問わず引き金となっている。水上砲戦で沈んだのは2隻で、残りの4隻は潜水艦からの雷撃が原因だった。

　一方、アメリカの条約型巡洋艦は実に優れた万能艦であることが明らかになった。秀でた一芸を持つわけではないが、水上戦闘はもちろん、空母機動艦隊の護衛、上陸支援のための艦砲射撃など、割り当てられた任務に見事に貢献している。装甲が弱いことが防御面での懸念材料になっていたが、結果として多くの巡洋艦が恐るべき酸素魚雷の攻撃をかいくぐり、終戦時にも海上に浮かんでいた。ガダルカナル戦役だけを切り取ってみても、彼らは常に果敢に前線に立ち、アメリカの勝利に大きな貢献をしている。

戦いの余波
AFTERMATH

サボ島沖海戦が終わっても、ガダルカナル戦役が終結する気配はまったくなかった。むしろ、大規模で呵責のない激戦が、さらに半年にわたって続くのである。しかし、そうした海戦の中には、もはや巡洋艦隊同士が干戈を交えるような局面は発生しなかった。

もちろん、両陣営の巡洋艦は、この後もガダルカナル周辺海域で作戦行動に従事している。10月14日に日本艦隊がヘンダーソン飛行場に艦砲射撃を実施したのに引き続き [訳註29]、翌日の夜に今度は鳥海と衣笠が繰り返している。また10月16日には、妙高と摩耶が艦砲射撃を実施している。

11月に入ると、いよいよガダルカナル戦役は最高潮に達することになる。艦砲射撃に戦艦まで投入しはじめた日本軍に対し、アメリカ軍は再び夜戦を受けて立った。軽巡と駆逐艦で編成された護衛艦隊を伴った2隻の戦艦に対して、米海軍は、重巡サンフランシスコ、ポートランド、軽巡ヘレナとアトランタ級防空巡洋艦を中核とした戦力で立ち向かったのである [訳註30]。おそらくは、太平洋戦争においてもっとも激しい夜間戦闘だったと思われるが、日本艦隊は作戦中止を強いられた。しかし、アメリカ軍の被害も甚大で、軽巡2隻（アトランタ、ジュノー）が撃沈され、他の3隻も損害を被っている。翌11月13日には、今度は日本海軍の重巡鈴谷と摩耶がヘンダーソン飛行場を襲った。この攻撃に関連して、砲撃部隊の護衛に付いていた重巡衣笠が、航空攻撃によって沈没した。

11月14日には、重巡高雄と愛宕に護衛された戦艦2隻がヘンダーソン基地を無力化しようと試みた。この時は、米海軍でも最良の水上打撃部隊である戦艦ワシントンとサウス・ダコタが反撃に加わっている。この時の激烈な夜戦では、日本の巡洋艦隊がサウス・ダコタに対して多数の命中弾を送り込むと共に、九三式酸素魚雷を発射した。しかし、近距離かつ射撃角度も申し分ない好条件にもかかわらず、魚雷は1本も当たらず、かえって日本の戦艦部隊は返り討ちにあって、攻撃中止に追い込まれた [訳註31]。

日本の夜戦能力が遺憾なく発揮されたのは、11月30日のルンガ沖夜戦だろう。この戦いでは、ガダルカナル島への輸送任務にあたっていた8隻の駆逐艦が九三式酸素魚雷を使った教科書どおりの雷撃を敢行して、重巡ノーサンプトンを撃沈、ミネアポリス、ニュー・オーリンズ、ペンサコラを大破させている。

ノーサンプトンの撃沈によって、ガダルカナル戦役で失われた条約型巡洋艦の数は5隻になったが、これが同戦役における条約型巡洋艦の最後の犠牲である。終戦までにはさらに3隻の条約型巡洋艦が波間に姿を消すが、その内訳は、1943年1月にシカゴが航空攻撃によって撃沈。続いて同年7月にはヘレナが九三式酸素魚雷によって撃沈され、最後に1945年、インディアナポリスが潜水艦からの雷撃によって失われている [訳註32]。戦争の

訳註29：10月13日から14日未明にかけて実施された、第三戦隊所属の戦艦金剛と榛名によるヘンダーソン基地夜間砲撃のこと。高速輸送艦隊を投入しての第二師団揚陸を成功させるために支援作戦としての意図もあった。対空用三式通常弾や陸上施設破壊用の零式弾を交えた艦砲射撃によって、ヘンダーソン基地は大損害を被り、一時的に機能を喪失した。

訳註30：10月26日に実施された第二師団の総攻撃失敗を受け、陸軍は第三八師団の増派を決定。海軍もこれに呼応して、11月12日夜のタイミングで、戦艦比叡、霧島を含む挺身攻撃艦隊によるヘンダーソン基地艦砲射撃を試みた。しかし、キャラハン少将が率いる護衛艦隊と乱戦になり（第3次ソロモン海戦／第1次会戦）、米海軍の巡洋艦部隊に大打撃を与えたものの、ヘンダーソン基地への攻撃は果たせず、集中射を浴びた比叡は廃棄処分となる。比叡は太平洋戦争で日本がはじめて喪失した戦艦となった。

訳註31：11月12日の夜間艦砲射撃が失敗したため、聯合艦隊は14日から15日にかけて、外南洋部隊に戦艦霧島を加えた挺身攻撃隊によって、再度、ヘンダーソン基地を叩こうと考えた。前日13日夜、重巡摩耶と鈴谷による艦砲射撃は一定の成功を収めていたが、14日の挺身攻撃隊は、戦艦ワシントン、サウス・ダコタを含む米艦隊と交戦となる（第3次ソロモン海戦／第2次会戦）。砲撃が集中した霧島は沈没、艦砲射撃も実施には至らなかった。

訳註32：重巡シカゴは1943年1月30日に生起したレンネル島沖海戦で、第七〇一軍航空隊の昼間航空攻撃により撃沈された。ヘレナは1943年7月5日から6日にかけてのクラ湾夜戦で、駆逐艦からの雷撃によって撃沈された。インディアナポリスは、テニアン島に原爆を運搬する任務を終えてレイテ島に向かう途中に潜水艦伊58から雷撃され、1945年7月30日に沈没した。単艦航行時の轟沈だったため、米海軍はしばらくこの事実に気付かず、海に放り出された生存者が救助されたのは攻撃から5日後のことだった。

全期間を通じ、保有していた条約型巡洋艦18隻のうち7隻が戦没しているが、ブルックリン級、セント・ルイス級など新型の軽巡は1隻だけしか撃沈されていない。

一方の日本海軍には、無傷のままで終戦の日を迎えた重巡は1隻もない。ガダルカナル戦役で古鷹型、青葉型巡洋艦は消耗しつくし、4隻のうち3隻が沈んでいる。唯一生き残った青葉は、1945年7月、広島県呉軍港にて艦載機の攻撃を受けて大破着底した。

妙高型はしぶとい戦いを続け、後半戦に突入しても全艦が健在だった。ネームシップの妙高は、レイテ沖海戦で損害を受けた後、シンガポール港で修理も受けていない状態のまま、半ば放棄された状態で終戦を迎えている。妙高型のうち最初に犠牲になったのは、1944年11月に空母艦載機の攻撃で沈んだ那智である。足柄と羽黒は1945年まで任務に就いていたが、足柄はイギリスの潜水艦による雷撃で、羽黒も同じくイギリスの駆逐艦隊との交戦で沈んでいる[訳註33]。

もっとも強力な高雄型巡洋艦は、ほぼ全艦がレイテ沖海戦で失われた。まず10月23日に、アメリカ潜水艦の雷撃によって愛宕と摩耶が犠牲となり、同じく損傷した高雄はシンガポールに回航して、そのまま終戦を迎えた。2日後、鳥海が艦載機の攻撃で沈んでいる[訳註34]。

最上型の戦歴も苦難に充ちている。ミッドウェー海戦で最終的に空襲によって沈んだ三隈は、日本が最初に喪失した重巡である。残りの3隻は1944年まで生き残って、全艦がレイテ沖海戦に投入されている。最上は航空攻撃と水上戦の最中に、破壊的な損害を受けて沈んだ。鈴谷も航空攻撃によって撃沈され、熊野は日本への回航中に撃沈された[訳註35]。開戦時に18隻を数えていた日本海軍の重巡洋艦のうち、終戦時に浮かんでいたのは青葉と妙高の2隻だけで、それも作戦実施は不可能な状態だったのである。

訳註33：1945年6月8日、重巡足柄は陸兵輸送任務でバタビアからシンガポールへ航行中、バンカ水道でイギリス海軍潜水艦「トレンチャント」の雷撃によって沈没した。これに先立つ5月17日、羽黒はマラッカ海峡にてイギリス海軍の駆逐艦5隻と交戦して沈没している。スリガオ海峡海戦を生き延びた那智は、11月にマニラ湾停泊中を空襲されて航行不能になった。

訳註34：愛宕と摩耶は、レイテ作戦発動直後の10月23日、パラワン水道で潜水艦の雷撃を受けて、それぞれ沈没した。この時、高雄も被雷しているが、離脱に成功。1945年7月31日、シンガポール港に停泊中を、イギリス特殊部隊による破壊工作で大破着底し、そのままの状態で終戦を迎えた。

訳註35：最上は、10月25日のスリガオ海峡海戦で操舵不能となり、空襲で回復不能の損害を受けて処分された。鈴谷は栗田艦隊麾下、サマール沖海戦に突入したが、攻撃機からの雷撃で航行不能になり、これも処分されている。熊野も同海戦で、駆逐艦からの雷撃によって離脱。フィリピンで応急修理の後、11月25日、本国への回航中に空母艦載機からの攻撃で撃沈された。重巡利根はレイテ作戦に参加後、本国に戻っていたが、1945年7月末の米艦載機による空襲で江田島湾に大破着底した。筑摩は、サマール沖海戦で艦載攻撃機からの魚雷を受けて速度が出なくなり、本隊から落後した後、回復ならず沈没した。

戦後、呉軍港に大破着底した状態の重巡青葉。南太平洋での激戦をかいくぐった後、レイテ沖海戦では潜水艦から雷撃を受けた。日本に回航した青葉は、修理もままならないまま、呉軍港に停泊中を空母艦載機に襲われて、遺棄された。（アメリカ海軍歴史センター）

常に最前線に身を置きながらも、1945年にシンガポールで終戦を迎えた重巡妙高。2隻だけ生き残った重巡洋艦のうちの1隻である。接収時は損傷を受けた状態のままで、船体には急場しのぎの迷彩が施されていた。1946年7月、イギリスの手で解体されている。（呉市海事歴史科学館　大和ミュージアム）

参考図書
BIBLIOGRAPHY

日本の巡洋艦に関して、英語圏で最も権威のある文献は、"Japanese Cruisers of the Pacific War"である。高価ではあるが、記述が豊富であり読者を満足させる内容になっている。この本に匹敵するレベルで米海軍の巡洋艦を扱った本は存在しないが、敢えて挙げるならNorman Friedmanの"US Cruisers"がそれに該当するだろうか。ガダルカナル戦役について挙げるなら、広範かつ鋭い洞察に溢れたRichard Frankの"Guadalcanal"が適切だろう。

Backer,Steve,Japanese Heavy Cruisers,Chatham Publishing,London,2006
Campbell,John,Naval Weapons of World War Two,Naval Institute Press,Annapolis,Maryland,1985
Cook,Charles,The Battle of Cape Esperance,Naval Institute Press,Annapolis,Marykand,1992
Evans,David C.（ed.）,The Japanese Navy in World War II,Naval Institute Press,Annapolis,Marykand,1986
Evans,David C.and Peattie,Mark R.,Kaigun,Naval Institute Press,Annapolis,Marykand,1997
Frank,Richard B, Guadalcanal,Random House,New York,1990
Friedman,Norman,US Cruisers,Naval Institute Press,Annapolis,Maryland,1984
Hone,Thomas C,and Hone,Trent,Battle Line,Naval Institute Press,Annapolis,Maryland,2006
Lacroix,Eric and Wells Il,Linton,Japanese Cruisers of the Pacific War,Naval Institute Press,Annapolis,Maryland,1997
Loxton,Bruce with Chris Coulthard-Clark,The Shame of Savo,Naval Institute Press,Annapolis,Maryland,1994
Marriot,Leo,Treaty Cruisers,Pen and Sword Maritime,Barnsley,2005
Morison,Samuel Eliot,The Struggle for Guadalcanal,Little,Brown and Company,Boston,1975
O'Hara,Vincent P.,The US Navy Against the Axis,Naval Institute Press,Annapolis,Maryland,2006
Silverstone,Paul H.,The Navy of World War II 1922-1947,Routledge,New York,2008
Skulski,Janusz,The Heavy Cruiser Takao,Naval Institute Press,Annapolis,Maryland,1994
Warner,Denis and Warner,Peggy with Sadao Senoo,Disaster in the Pacific,Naval Institute Press,Annapolis,Maryland,1992
Watts,Anthony J.and Gordon,Brian G.,The Imperial Japanese Navy,Macdonald,London,1971
Whitley,M.J.,Cruisers of World War Two,Naval Institute Press,Annapolis,Maryland,1995
Wiper,Steve,New Orleans Class Cruisers,Classic Warships Publishing,Tucson,Arizona,2000
Wiper,Steve,Indianapolis & Portland,Classic Warships Publishing,Tucson,Arizona,（n.d.）

ポートランド級重巡洋艦インディアナポリス、1939年9月撮影。全長でわずかに上回っているものの、5インチ砲を8門搭載しているので、ノーサンプトン級に類似している。インディアナポリスは、当初の設計コンセプトにしたがい、長らく太平洋艦隊の旗艦として活躍している。1945年7月30日、潜水艦の雷撃によって撃沈されたが、太平洋戦争で戦没した最後の米海軍主力艦となった。(アメリカ海軍歴史センター)

◎訳者紹介｜宮永 忠将

上智大学文学部卒業。東京都立大学大学院中退。シミュレーションゲーム専門誌「コマンドマガジン」編集を経て、現在、歴史、軍事関係のライター、翻訳、編集者、映像監修などで活動中。「オスプレイ"対決"シリーズ2 ティーガーI重戦車vs.ファイアフライ」「オスプレイ"対決"シリーズ6 パンターvs.シャーマン」など、訳書多数を手がけている。

オスプレイ"対決"シリーズ 7

日本海軍巡洋艦 vs 米海軍巡洋艦
ガダルカナル1942

発行日	2010年6月21日　初版第1刷
著者	マーク・スティル
訳者	宮永忠将
発行者	小川光二
発行所	㈱ 大日本絵画 〒101-0054　東京都千代田区神田錦町1丁目7番地 電話：03-3294-7861 http://www.kaiga.co.jp
編集・DTP	㈱ アートボックス http://www.modelkasten.com
装幀	八木八重子
印刷/製本	大日本印刷株式会社

© 2001 Osprey Publishing Ltd
Printed in Japan
ISBN978-4-499-23025-4

USN CRUISER VS IJNCRUISER
Guadalcanal 1942

First published in Great Britain in 2001 by Osprey Publishing,
Midland House, West Way, Botley, Oxford OX2 0PH.
All rights reserved.
Japanese language translation
©2010 Dainippon Kaiga Co., Ltd

販売に関するお問い合わせ先：03(3294)7861　㈱大日本絵画
内容に関するお問い合わせ先：03(6820)7000　㈱アートボックス